FORENSIK
IN 30 SEKUNDEN

FORENSIK
IN 30 SEKUNDEN

Verbrechensaufklärung durch Wissenschaft

Herausgegeben von
Sue Black und Niamh Nic Daéid

Mit einem Vorwort von
Val McDermid

Mit Beiträgen von
Mike Allen, Sue Black
Christophe Champod
Niamh Nic Daéid
Lorna Dawson, Zeno Geradts
Lucina Hackman
Adrian Linacre, Craig McKenzie
Paul Reedy, Chris Rynn
Diana Swales, Grant Thomson

Illustrationen
Nicky Ackland-Snow

Librero

Danksagung
Nur von wenigen werden die forensischen Wissenschaften so öffentlich durch einen Richter unterstützt wie durch den Obersten Richter von England und Wales, dem Ehrenwerten Lord Thomas of Cwmgiedd. So ist es uns Ehre und Vergnügen, ihm dieses Buch zu widmen.

Titel der Originalausgabe:
30-Second Forensic science

Postbus 72, 5330 AB Kerkdriel, Niederlande

Herausgeber: Susan Kelly
Künstlerische Leitung: Michael Whitehead
Redaktion: Tom Kitch
Gestaltung: Ginny Zeal

Aus dem Englischen von Anne Döbel
(für iMport/eXport)
Lektorat: Anika Seemann
Satz: iMport/eXport, Emden

Gedruckt und gebunden in China

ISBN 978-94-6359-086-0

INHALT

VORWORT

Val McDermid

In den mehr als dreißig Jahren, in denen ich Kriminalromane schreibe, habe ich erlebt, wie die Effizienz der forensischen Wissenschaften geradezu revolutioniert wurde und zur Lösung vieler kniffliger Fälle beigetragen hat. Gleichzeitig stieß ich in dieser Zeit aber auch auf Hunderte von filmischen und literarischen Darstellungen, die, ehrlich gesagt, reine Science Fiction waren. Im Fernsehen, in Kinofilmen und leider auch in Büchern finden sich teilweise unkorrekte Schilderungen. So kompakt dieses Buch auch ist, stellt es vieles richtig und zeigt einige außergewöhnliche Methoden, die diese Wissenschaft entwickelt hat, um die Wahrheit aufzudecken. Und glauben Sie mir, Sie werden staunen! In meinen Romanen versuche ich so authentisch wie möglich zu schreiben. Dazu zapfe ich bisweilen das Wissen verschiedenster forensischer Wissenschaftler an. Glücklicherweise teilen sie großzügig ihre Zeit und Kenntnisse mit mir. Normalerweise enden die Gespräche nicht nur mit der Beantwortung meiner Fragen, sondern mit einem umfangreichen Zusatzpaket an Informationen für mich. Meine Experten schaffen es wunderbar, auch komplexe Themen und Vorgänge für Laien verständlich zu erklären. Einmal bekam ich auf meine Frage, wie eine Leiche nach 200 Jahren im Moor aussehen würde, die spontane Antwort: „Wie eine Ledertasche mit einem Gesicht." Häufig haben mich die Untersuchungsmethoden verblüfft. Einige davon finden sich in diesem Buch wieder: Zum Beispiel die Chemikalie Luminol, die Blut in einer Verdünnung von 1:1 000 000 aufspürt oder dass Blut kugelförmig den Körper verlässt oder dass tote Insekten an einem Auto Aufschluss darüber geben, wo das Fahrzeug gewesen ist. Forensische Botaniker können Pollen auf einem Kleidungsstück einem bestimmten Baum zuweisen. Darüber hinaus wird aber auch erläutert, was es mit den verschiedenen Bereichen auf sich hat, in denen forensische Wissenschaftler tätig sind und wie sie miteinander kooperieren, um die Fragen, die sich bei der Verbrechensverfolgung auftun, beantworten zu können.

Der menschliche Körper ist eine erstaunliche Quelle an Informationen – sowohl im Leben als auch im Tod. Niemand kann diese Informationen besser entschlüsseln, als dieses Professorenteam: Sue Black und Niamh Nic Daéid. Sue Black ist forensische Anthropologin. Sie deckt die biologische und persönliche Identität von Verstorbenen auf und ermöglicht es so, ihre Familien zu finden. Niamh Nic Daéid ist forensische Chemikerin mit einem nahezu lückenlosen Wissen über Feuer, Explosivstoffe und Drogen. Auf den ersten Blick haben die Wissenschaftlerinnen dieser so unterschiedlichen Bereiche vielleicht nicht viel gemeinsam, aber die Expertinnen verbindet ein tiefes Verständnis dafür, wie wichtig die chemischen und biologischen Vorgänge sind, die sie beobachten. Sue und Niamh öffnen uns die Tür zu ihrer Welt und ich wage zu behaupten, wir werden sie weiter öffnen wollen. Liebe Leser, machen Sie sich bereit, Sie werden sich wundern!

Blutspuren können Aufschluss über Bewegungen des Opfers und des Angreifers geben. Jeder am Tatort gefundene Beweis bestätigt die Erkenntnis von Dr. Edmond Locard, weithin bekannt als Sherlock Holmes von Frankreich: „Jeder Kontakt hinterlässt eine Spur."

EINLEITUNG

Sue Black und Niamh Nic Daéid

Zusammen haben wir bereits ein halbes Jahrhundert an Erfahrungen in der forensischen Wissenschaft auf dem Buckel. Wir sind schon so lange dabei, dass wir Trends kommen und gehen sehen haben, Experten wurden gelobt und vergessen, wir haben beobachtet, wie das Vertrauen in unsere Wissenschaft mal zu- und mal abnahm. Was jedoch immer gleich blieb, war das gewaltige Interesse der Öffentlichkeit an unserer Arbeit, das Bestreben der Ermittler, auf exakte Ergebnisse zu kommen und das Vertrauen des Gerichts, durch uns den Geschworenen die Mittel zu geben, ein Urteil zu fällen, das dem Gesetz Genüge tut.

Es ist schwer festzulegen, welche Bereiche sich zu welchem Zeitpunkt entwickelten oder ab wann sie in der Rechtsprechung nützlich wurden. Viele der traditionellen Methoden haben ihren Ursprung zum Ende des 18. Jahrhunderts: Fingerabdrücke, Handschriftenabgleich, Ballistik, Biometrik und Schuhabdruckuntersuchungen. Sir Alec Jeffreys entdeckte Mitte der 1980er Jahre die Merkmale in unserer DNA, die zur Feststellung von menschlicher Identität eingesetzt werden können, womit er die forensische Welt auf den Kopf gestellt hat. Seitdem spricht man von der Forensik vor und nach 1984 – übrigens ein interessantes Datum, das an George Orwells dystopischen Roman erinnert.

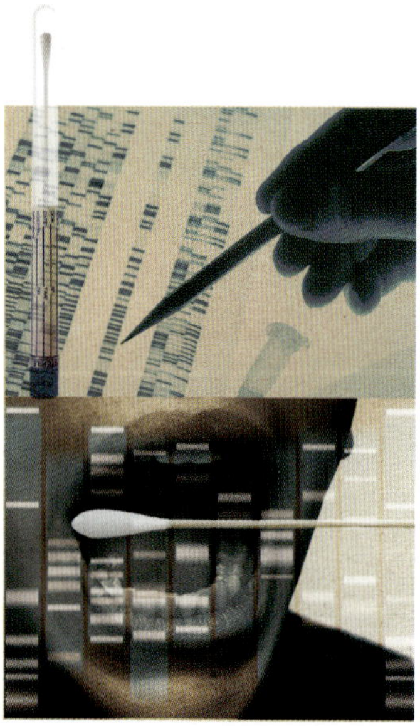

Relativ neue Forschungen in der menschlichen Molekulargenetik haben ergeben, dass sich fast alle Menschen auf der ganzen Welt voneinander unterscheiden, sogar eineiige Zwillinge.

Der Begriff forensische Wissenschaft ist im Grunde unzutreffend, da es sich hier um mehrere Bereiche handelt, die in unserem Rechtssystem eingesetzt werden, und die in ihrem Bestreben vereint sind, die Informationen in jedem Fällen zu interpretieren und zu bewerten. Dabei fließen Kenntnisse aus beispielsweise dem Maschinenbau und der Anatomie genauso ein wie aus der Toxikologie oder Genetik. Einige Aspekte der Biologie, Chemie, Physik und Mathematik tauchen vor Gericht häufiger auf und werden daher landläufig als „forensische Wissenschaft" bezeichnet. In erster Linie hat die Wissenschaft überhaupt erst Einzug in die Gerichtssäle gehalten hat, weil es wichtig ist, den Geschworenen so viele Informationen bereitzustellen, dass sie ein gerechtes und abgesichertes Urteil finden können.

Zu Beginn unserer Arbeit an diesem Buch haben wir uns 50 Arten von Beweisen als Einführung in die Materie überlegt. Wir trafen uns 2015 mit unserem vertrauten Kreis von Wissenschaftlern und Richtern in der Royal Society in London, um herauszufinden, welche Beweise ihnen am häufigsten begegneten. Daraufhin erstellten sie eine Liste mit mehr als 40 Punkten. Wir verwenden diese Liste in dem Bewusstsein, dass sie eben so gut doppelt so lang sein könnte, so vielfältig und bedeutsam ist die Verbindung von Wissenschaft und Rechtsprechung. Und dies nicht nur im Namen der Gerechtigkeit, denn in Ländern, in denen die Todesstrafe angewandt wird, sind die wissenschaftlichen Beweise Teil der Entscheidung über Leben und Tod.

Jedes der sieben Kapitel dieses Buchs beginnt mit einem Glossar und stellt eine Person vor, die in dem jeweiligen Feld maßgebend ist oder war. Das erste Kapitel **Der Körper** beschreibt wie in Pathologie, Anthropologie, Zahnheilkunde oder Radiologie der menschliche Körper Hinweise in den Untersuchungen gibt. Das zweite Kapitel **Biometrik** handelt von den Eigenschaften, die zur Feststellung einer Identität benötigt werden, wie DNA, Fingerabdrücke, Gesichtsanalyse, Handschriften und weitere Themen. In **Spuren** erklären wir, wie selbst winzige Reste gefundener Materie für die Ermittlung ausschlaggebend sind, wie wichtig Untersuchungen von Fasern oder Glas und Schussspuren sind und Locards Austauschprinzip wird erneut herangezogen. Das folgende Kapitel ist **Physikalische und chemische Untersuchung**, in das die eher naturwissenschaftlichen Aspekte wie Werkzeugspuren, Blut und toxikologische Untersuchung fallen. Kapitel 5 handelt von **Beweisen aus der Natur** wie Pollen, Erde, Insekten oder wilde Tiere. Heutzutage nutzen wir digitale Technologien, so taucht das Kapitel **Digitale Aufzeichnungen** in die Welt der Bildanalyse und der Cyber-Kriminalität ein. Das letzte Kapitel **Gesetz und Wissenschaft** führt uns dorthin, wo die forensischen Wissenschaften am Ende ihren Zweck erfüllen: in den Gerichtssaal. Wir diskutieren über Sachverständige, juristische Zulässigkeit und Interpretation sowie Darstellung von Beweisen.

Die Bedeutung der forensischen Wissenschaft für die Gesellschaft früher und heute liegt klar auf der Hand. Wenn Sie nun mehr über diese faszinierende und fesselnde Disziplin erfahren möchten, ist dieses Buch ein idealer Anfang. Wie Sherlock Holmes so treffend sagte: „Die kleinen Dinge sind unendlich wichtig."

In forensischen Laboren werden Proben von pflanzlichen Stoffen, unbekanntem Pulver, Flüssigkeiten und Tabletten routinemäßig nach illegalen Substanzen untersucht.

DER KÖRPER

DER KÖRPER
GLOSSAR

Algor mortis Leichenkälte, die zweite Stufe des Todes, sie zeigt sich durch eine veränderte Körpertemperatur bis zur Anpassung an die Umgebungstemperatur. Siehe hierzu auch perimortem und Leichenstarre.

Angiografie Spezielle Röntgenaufnahmen lassen Blutgefäße sichtbar werden.

Antemortem Wörtlich: „vor dem Tod", siehe auch postmortem.

Durchschnittliche Dicke des Weichgewebes Die Dicke des weichen Gesichtsgewebes über den Schädelknochen.

Entomologie Das wissenschaftliche Studium von Insekten.

Exsanguination Blutentleerung.

Gebiss Anordnung, Anzahl und Typ der Zähne einer bestimmten Art.

Geomagic Freeform Haptic-Feedback Virtual-Sculpture System Ein forensisches Gerät, das verwendet wird, um die Gesichtsstruktur zu rekonstruieren und das eine einzigartige dreidimensionale Navigation hat, die den Tastsinn einschließt.

Histologie Die mikroskopische Untersuchung von Gewebestruktur.

International Criminal Police Organization (INTERPOL) Eine internationale Organisation der polizeilichen Kooperation, gegründet 1923.

Kadaver Ein toter Körper oder eine Leiche.

Leichenfleck Verfärbung der Haut nach Eintritt des Todes aufgrund von Blutansammlungen.

Leichenstarre Das Erstarren des Körpers nach dem Tod. Siehe hierzu *Algor mortis*.

Mehrzeilen-Spiral-CT-Technik Diese spezielle Art der Computertomografie verbessert die dreidimensionale Bildgebung.

Pathologe Mediziner, der sich mit der Krankheitsdiagnose befasst.

Perimortem Wörtlich: „um den Todeszeitpunkt herum".

Postmortem Wörtlich: „nach dem Tod".

R v Die britischen Fälle werden mit *R* gekennzeichnet als Zeichen dafür, dass der Fall im Namen der Krone vor Gericht verhandelt wird. Das *R* steht entweder für Rex (König) oder Regina (Königin). Das *v* ist die Abkürzung für „versus".

Tötungsdelikt Im besonders schweren Fall ein Mord unter besonderen Umständen, wie die vorsätzliche Tötung eines Kindes oder eines Polizisten oder die Beendung einer Schwangerschaft u. ä.

Toxikologie Studium der nachteiligen Auswirkungen von chemischen Substanzen und Giften auf lebende Organismen.

Ultraschall Eine bildgebende Technik, die Ultraschallwellen verwendet, um Bilder des Inneren eines Körpers zu erhalten.

Virtopsy® Eine virtuelles Obduktionsverfahren, das sich auf klinische Aufnahmen wie CT-Scans beruft. Entwickelt wurde es an der Universität der Stadt Bern in der Schweiz.

Zahnheilkunde Das Studium von Zahnstruktur und -krankheiten.

AUTOPSIE

30-Sekunden-Drehbuch

3-SEKUNDEN-INDIZ
Die Autopsie, die Untersuchung nach dem Tod, soll Todesart, -ursache und die Identität des Toten feststellen.

3-MINUTEN-BEWEIS
Generell gibt es fünf Kategorien Todesfälle:
Natürlich – entspricht der zu erwartenden Lebenserwartung eines Menschen
Unfall – ein unerwarteter Tod durch eine unbeabsichtigte Tat oder einen zufälligen Vorfall
Tötung – vorsätzliches Beenden eines Lebens
Selbstmord – die verstorbene Person beabsichtigte den eigenen Tod
Ungeklärt – die Informationen reichen nicht für eine Bestimmung aus

Der Begriff „Autopsie" stammt aus dem Griechischen und meint eine persönliche Betrachtung oder einen Augenzeugenbericht. Meist verbindet man die Autopsie mit der forensischen Medizin oder Rechtsmedizin. Dafür wird der Körper innerlich und äußerlich gründlich untersucht, um bestimmte Fakten für das weitere rechtliche Verfahren zu ermitteln. Üblicherweise wird sie durch einen Pathologen oder einen Gerichtsmediziner durchgeführt. Hauptsächlich wird durch eine Autopsie festgestellt, wie ein Mensch gestorben ist, warum und seine Identität. Wie er gestorben ist, bezieht sich auf die Todesart – das kann ein Verkehrsunfall genauso wie eine Schussverletzung sein. Das Warum fragt, was genau die Todesursache ist, beispielsweise ein Herzinfarkt oder die Durchtrennung großer Blutgefäße mit anschließender Ausblutung. Wer die Person war, ist für die forensische Ermittlung nur dann wichtig, wenn unerwartet Überreste gefunden werden und es keine Hinweise darauf gibt, wer dieser Mensch im Leben gewesen ist. Die Autopsie zieht auch weitere Felder hinzu, um zu Ergebnissen zu kommen, wie die Toxikologie, die Zahnheilkunde, DNA-Untersuchungen, Fingerabdrücke und Anthropologie.

VERWANDTE THEMEN
Siehe auch
FORENSISCHE ANTHROPOLOGIE
Seite 16

MEDIZINISCHE BILDGEBUNG
Seite 22

TRAUMA
Seite 28

VERSTÜMMELUNG
Seite 30

3-SEKUNDEN-BIOGRAFIE
GIOVANNI MORGAGNI
1682–1771
Italienischer Anatom der Renaissance, der mit 80 Jahren eine fünfbändige pathologische Abhandlung schrieb: *De Sedibus et Causis Morborum per Anatomen Indagatis* („Sitz und Ursachen von Krankheiten, aufgespürt durch die Kunst der Anatomie").

3-SEKUNDEN-TEXT
Sue Black

Während einer Autopsie wird der Körper innerlich und äußerlich untersucht, um herauszufinden, wie eine Person zu Tode gekommen ist.

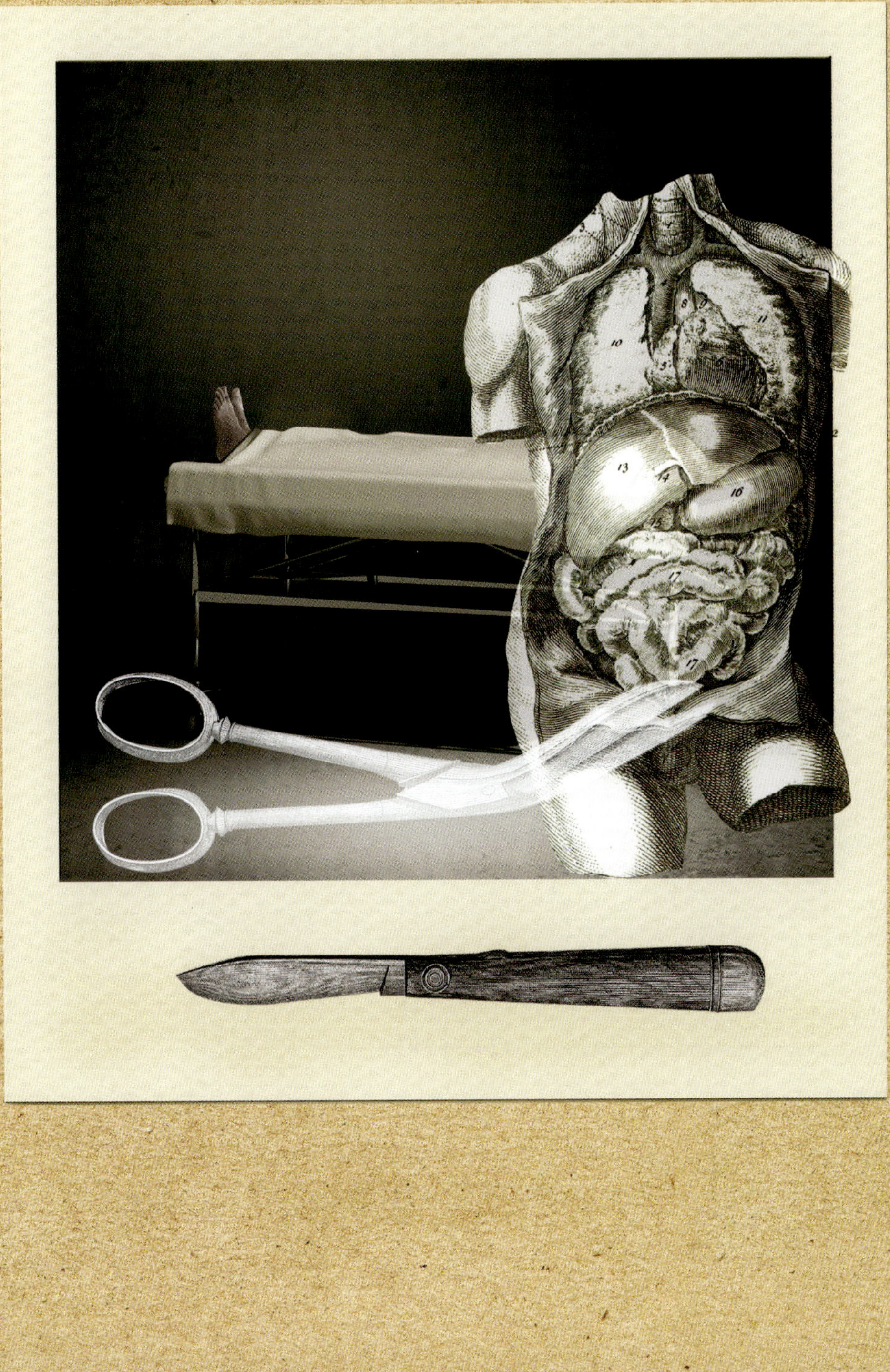

FORENSISCHE ANTHROPOLOGIE

30-Sekunden-Drehbuch

In der forensischen Anthropologie beschäftigen sich Ärzte mit dem Verständnis für das menschliche Skelett. Sie verwenden spezielle Methoden, um die biologische Identität menschlicher unbekannter Überreste herauszubekommen. Das biologische Profil, das sie erstellen, umfasst die Herkunft der Person, das Alter zum Todeszeitpunkt, Geschlecht und Statur sowie weitere Aspekte wie, frühere erlittene Knochenbrüche oder medizinische Eingriffe, die als Hinweise dienen können. Diese Angaben dienen einem Ermittlerteam, das die Liste der vermissten Personen daraufhin durchforstet, als Suchkriterien. Forensische Anthropologen suchen außerdem nach Trauma-Spuren an Knochen, wie etwa Schnittwunden oder andere Verletzungen um den Todeszeitpunkt herum. Sie können zwischen diesen perimortem Traumata und denen, die nach Todeseintritt – post mortem – entstehen, unterschieden, wie zum Beispiel Fressspuren von Tieren oder Einwirkungen durch das Wachstum pflanzlicher Wurzeln oder durch Witterung, wenn die Knochen brüchig werden und splittern. Auch bei der Identifizierung menschlicher Überreste helfen forensische Anthropologen, zum Beispiel nach Massentötungen durch Explosionen oder Brände, wenn nur winzige Fragmente von menschlichen Körpern zurückbleiben.

3-SEKUNDEN-INDIZ

Forensische Anthropologen untersuchen Überreste menschlicher Skelette, um Hinweise zu finden, wer die Person einst war und warum sie starb.

3-MINUTEN-BEWEIS

Nicht nur die Identität von Verstorbenen wird untersucht. Auch das Alter lebender Menschen wird geschätzt, damit das richtige Verfahren auf sie angewandt wird, zum Beispiel, wenn ein Jugendlicher vor Gericht steht oder jemand ohne offizielle Dokumente in ein fremdes Land einreisen möchte. In solchen Fällen werden bildgebende Untersuchungen des Skeletts zu Hilfe gezogen, beispielsweise Röntgenaufnahmen, MRT oder CT.

VERWANDTE THEMEN

Siehe auch
TODESZEITPUNKT
Seite 26

VERSTÜMMELUNG
Seite 30

TRAUMA
Seite 28

FORENSISCHE ARCHÄOLOGIE
Seite 110

3-SEKUNDEN-BIOGRAFIE

CLYDE SNOW
1928–2014

Amerikanischer forensischer Anthropologe, der maßgeblich die Entwicklung der forensischen Anthropologie als Disziplin vorangetrieben hat. Mitgründer der Physical Anthropoly – Abteilung der amerikanischen Akademie der forensischen Wissenschaften. Snow war auch humanitär tätig, zum Beispiel bei der Identifizierung von Genozidopfern in Argentinien und dem früheren Jugoslawien.

3-SEKUNDEN-TEXT

Lucina Hackman

Das Geschlecht kann mit großer Sicherheit anhand des menschlichen Beckens festgestellt werden.

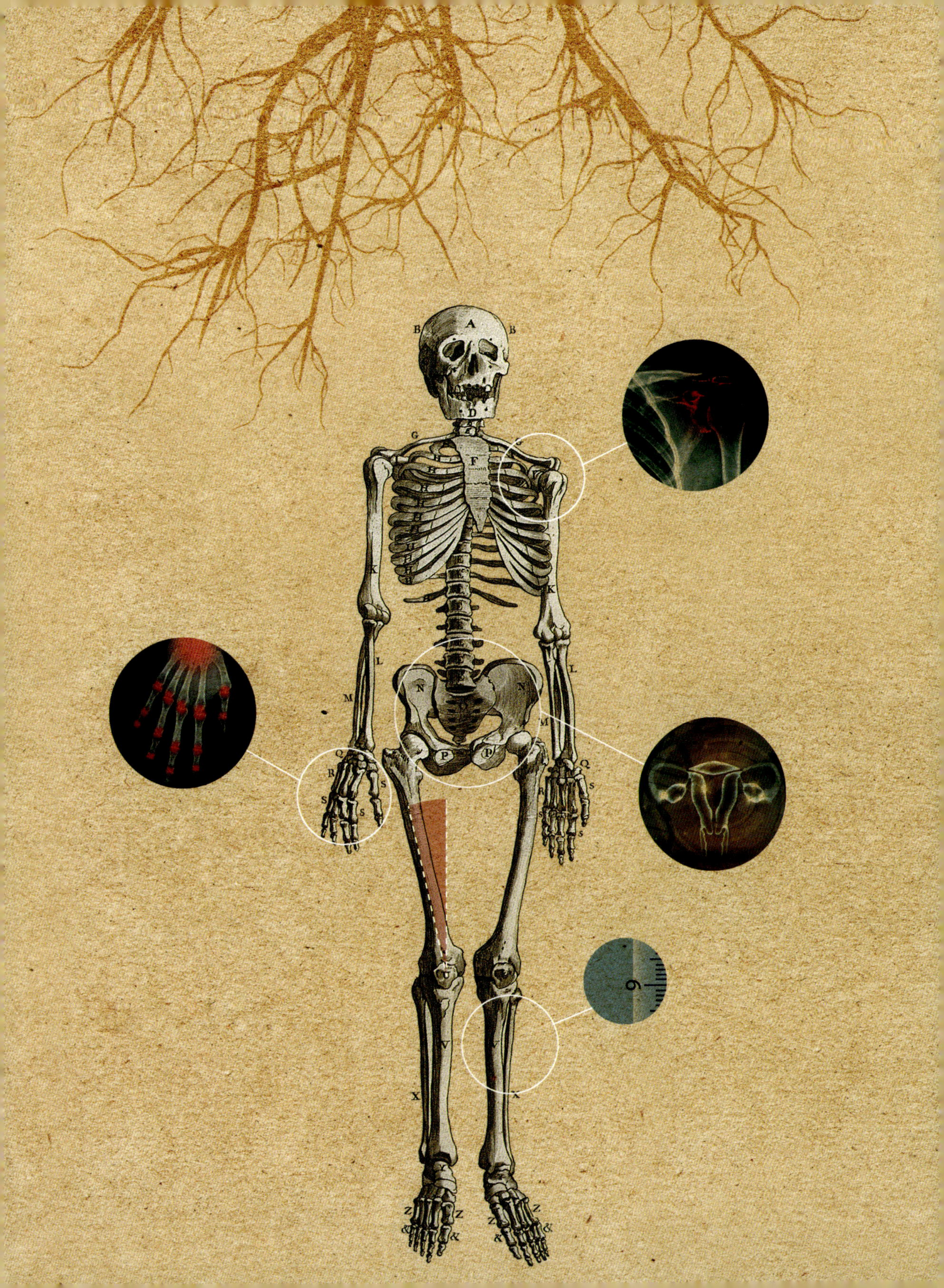

ZAHNÄRZTLICHE UNTERLAGEN

30-Sekunden-Drehbuch

Menschen bekommen ihre Milchzähne im Alter zwischen sechs Monaten und fünf Jahren. Die ersten bleibenden Zähne stoßen mit ungefähr sechs Jahren durch das Zahnfleisch und bis wir etwa 12 sind, besteht unser Gebiss aus sowohl Milch- als auch bleibenden Zähnen, bis unser permanentes Gebiss vollständig ist. Zahnärzte registrieren die vorhandenen Zähne, die, die fort sind und die schadhaften, aber auch, welche Behandlungen an ihnen durchgeführt wurden, wie Füllungen, Wurzelbehandlungen oder Kronen. Diese Aufzeichnungen können forensischen Odontologen bei der Identifizierung von Toten helfen, zum Beispiel nach einem Vorfall mit vielen Todesopfern oder wenn menschliche Überreste gefunden wurden. Nach der Ermordung von Dr. George Parkmann 1849 in Massachusetts konnte die Leiche unter anderem durch seine Porzellanzähne identifiziert werden, die sein Zahnarzt, Dr. Keep, angefertigt hatte. Der berüchtigte britische Säurebadmörder John Haigh hatte keine Ahnung, dass seine Opfer in den 1940er Jahren anhand ihrer Zähne erkannt werden würden, auch nachdem er den Rest ihrer Körper in Schwefelsäure aufgelöst hatte. Zähne überstehen Explosionen, Brände oder lange Zeiten in der Erde. INTERPOL kennt drei Hauptfaktoren zur Identifikation: Gebiss, DNA und Fingerabdrücke.

3-SEKUNDEN-INDIZ

Forensische Zahnärzte, Odontologen genannt, ziehen Informationen aus zahnärztlichen Unterlagen, die helfen können, Verstorbene zu identifizieren.

3-MINUTEN-BEWEIS

Gibt es viele Todesopfer auf einmal, arbeitet ein Odontologe in einem Leichenschauhaus, um die Gebisseigenschaften der Verstorbenen aufzuzeichnen. Ein weiterer Odontologe beschafft Antemortem-Unterlagen bei den Zahnärzten derer, die vermisst werden. Die Informationen fließen an einer Stelle zusammen, um Übereinstimmungen zu finden und so die Leichname an die Familien zu überführen.

VERWANDTE THEMEN

Siehe auch
AUTOPSIE
Seite 14

GESICHTSREKONSTRUKTION
Seite 24

FINGERABDRÜCKE
Seite 38

3-SEKUNDEN-BIOGRAFIE

NATHAN COOLEY KEEP
1800–1875

Nach seiner Lehre bei einem Juwelier studierte und praktizierte Keep Zahnmedizin in Harvard. Er lieferte im Mordfall George Parkman 1850 die entscheidenden Beweise, anhand derer John Webster überführt werden konnte. Dr. Keep gilt als einer der ersten, die Zahnprothesen aus Porzellan hergestellt haben.

3-SEKUNDEN-TEXT

Sue Black

Anhand der Zähne kann man das Alter einer Person (bei Kindern) als auch die Identität feststellen.

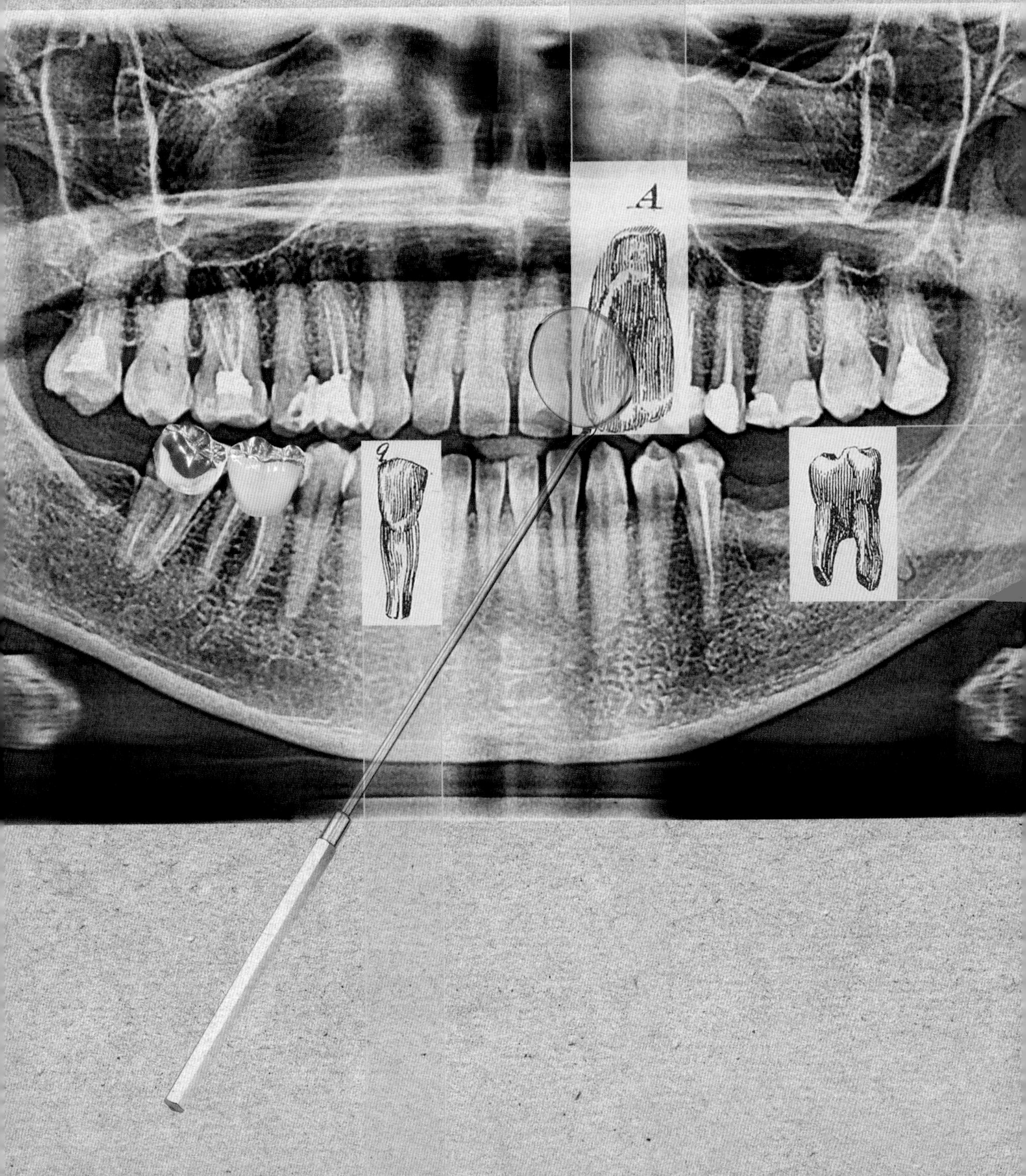
A

1877
in Leamington Spa, Warwickshire, England geboren

1905
schließt Studium am Magdalen College, Oxford, ab und wird Pathologe am St. Mary's Hospital in London

1908
heiratet Edith Horton, mit der er vier Kinder bekommt

1910
der Fall Hawley Harvey Crippen

1915
der Fall George Joseph Smith Die „Bräute im Bad-Morde"

1922
der Fall Herbert Rowse Armstrong

1923
wurde nach seiner Aussage im Fall Armstrong geadelt

1924
entwickelt zusammen mit Scotland Yard "die „Mordtasche"

1924
der Fall Patrick Mahon
„Die Crumble-Morde"

1927
der Fall John Robinson
„Der Charing Cross Koffermord"

1930
der Fall Alfred Rouse –
„Der Brennendes-Auto-Mord"

1934
der Fall Mancini –
„Brighton Koffer-Mörder"

1939
Berater des MI5 bei der Operation Mincemeat

1947
nimmt sich mit Gas in seinem Labor am University College in London das Leben

SIR BERNARD SPILSBURY

Sir Bernard Spilsbury studierte Medizin in Oxford. Trotz seiner furchterregenden Berufsethik galt er nicht als Intellektueller. Seine unwiderstehliche und extravagante Persönlichkeit zeigte sich im Zeugenstand vor Gericht. Er gab eine eindrucksvolle Gestalt ab mit seinem Zylinder, dem Frack, seinen Gamaschen und der obligatorischen roten Nelke im Knopfloch. Seine Meinung stand unerschütterlich, er hatte die Begabung, komplizierte Dinge verständlich zu vermitteln – ein Pathologe des Volkes. Den Richtern wurde es zunehmend unangenehm, dass seine bloße Erscheinung die Geschworenen bereits mehr beeinflusste als die Beweise, sie nannten dies den „Spilsbury-Effekt".

Seinen ersten Erfolg feierte er im Fall des Hawley Crippen, eines amerikanischen Homöopathen, dessen Ehefrau Cora im Januar 1910 verschwand. Bei einer Hausdurchsuchung entdeckte man einen Körper unter dem Steinboden des Kellers. Spilsbury konnte Cora anhand einer Narbe an ihrem Unterleib identifizieren. Crippen wurde des Mordes verurteilt und starb durch den Strang im Pentonville-Gefängnis.

Spilsbury führte ebenfalls Beweise gegen Herbert Armstrong an, einem englischen Anwalt, der unter der Anklage stand, seine Frau Kitty ermordet zu haben und einen Mordanschlag auf seinen Konkurrenten verübt zu haben – beides durch Arsen. Kurz nach Abschluss dieses Falls wurde er 1923 geadelt.

Zusammen mit Scotland Yard entwickelte er eine „Mordtasche" – eine forensische Ausrüstung für Detektive mit Handschuhen, Pinzetten, Beweismitteltüten, einem Vergrößerungsglas, Kompass, Lineal und Tupfern.

Auch war er an der Operation Mincemeat beteiligt, einem britischen Ablenkungsmanöver zur Vertuschung der alliierten Invasion von Sizilien. Dabei wurde die Identität von Kapitän William Martin auf eine Leiche übertragen, zusammen mit gefälschten Dokumenten. Ein U-boot warf die Leiche an der südspanischen Küste über Bord und führte so den deutschen Geheimdienst in die Irre. Deutsche Truppen wurden zur Verstärkung nach Griechenland und Sardinien verlegt und machten so den Weg frei für die sizilianische Invasion.

Nach dem Tod seiner Söhne und seiner Geliebten in den 1940er Jahren begann Spilsburys Gesundheit abzubauen. Er war von seiner Frau entfremdet, seine Finanzen sahen düster aus, er war sich seiner zunehmenden Demenz bewusst und litt sehr unter Arthritis. Am 17. Dezember 1947 tauschte er mit seinen Angestellten Weihnachtsgeschenk aus, aß allein zu Abend und drehte dann in seinem Labor den Gashahn auf, um seinem Leben ein Ende zu setzen. Seine Beerdigung fand in kleinem Kreis statt.

Sue Black

MEDIZINISCHE BILDGEBUNG

30-Sekunden-Drehbuch

3-SEKUNDEN-INDIZ
Erst seit kurzem hat die medizinische Bildgebung als nichtinvasive Ermittlungsmethode bei medizinisch-rechtlichen Fragen in die Forensik Einzug gehalten.

3-MINUTEN-BEWEIS
Noch ist es nicht soweit, dass die digitale Autopsie die traditionelle ersetzen kann. Die Entwicklung schreitet stetig voran und die Einbeziehung der Angiografie (mit der Blutgefäße sichtbar gemacht werden), des Mehrzeilen-CT und des MRT, Oberflächenscans und dem Einsatz von Robotern, die Proben steril entnehmen können, wird diese neue Methode vermutlich irgendwann die traditionelle ablösen. Auch wird an Abgleichen von Wunden mit Waffen gearbeitet, sowohl an Hart- wie auch an Weichgewebe (Abtrennung von Körperteilen oder Erdrosselung).

Für die medizinische Bildgebung werden entweder ionisierende Strahlungen, wie Röntgenstrahlung und Computertomografie (CT), oder nicht-ionisierende Strahlen, beispielsweise die Magnetresonanztherapie (MRT) oder Ultraschall, eingesetzt. Das Röntgen wird seit langem bei post mortem-Untersuchungen eingesetzt. Die neuere, dreidimensionale Wiedergabe des CT oder MRT hat die nicht-invasive Form der Autopsie weit vorangetrieben. Die „digitale Autopsie", ein Begriff aus den 1980er Jahren, ergänzt die traditionelle und könnte sie in der Zukunft ersetzen. Vor allem bei Menschen und Volksgruppen, deren Glauben oder Moral das Öffnen von Leichen verbietet, ist sie willkommen. Sie gibt dieselbe oder sogar vertiefende Auskunft auf die klassischen Fragen der Autopsie, ohne dass der Körper angerührt wird. So kann ein Trümmerbruch (ein Bruch oder eine Zersplitterung in mehr als zwei Teile) oder die Eintrittsbahn eines Projektils sowie die Lage eines Fremdkörpers bei der Öffnung des Körpers verloren gehen. Außerdem kann das Bild gespeichert und auch lange nach der Beerdigung des Körpers bei späteren Befragungen wieder zu Rate gezogen werden. Dennoch ist die digitale Autopsie nicht unumstritten, da sie nur 68% der Genauigkeit der traditionellen Art erreicht, die Todesursache zu untersuchen.

VERWANDTE THEMEN
Siehe auch
AUTOPSIE
Seite 14

TRAUMA
Seite 28

VERSTÜMMELUNG
Seite 30

3-SEKUNDEN-BIOGRAFIE
RICHARD DIRNHOFER
1942–
Gerichtsmediziner, der an der Universität Innsbruck studiert hat und bis 1991 Direktor des Instituts für Rechtsmedizin an der Universität Bern in der Schweiz war. Gründer von Virtopsy®, das seit den 1980er Jahren an der Umsetzung der digitalen Autopsie arbeitet.

3-SEKUNDEN-TEXT
Sue Black

Wilhelm Conrad Röntgen erstellte das erste Röntgen- Bild überhaupt im Jahr 1895. Es zeigte die Hand seiner Frau. Da diese Technik nicht zerstört, wird sie häufig in der Forensik eingesetzt.

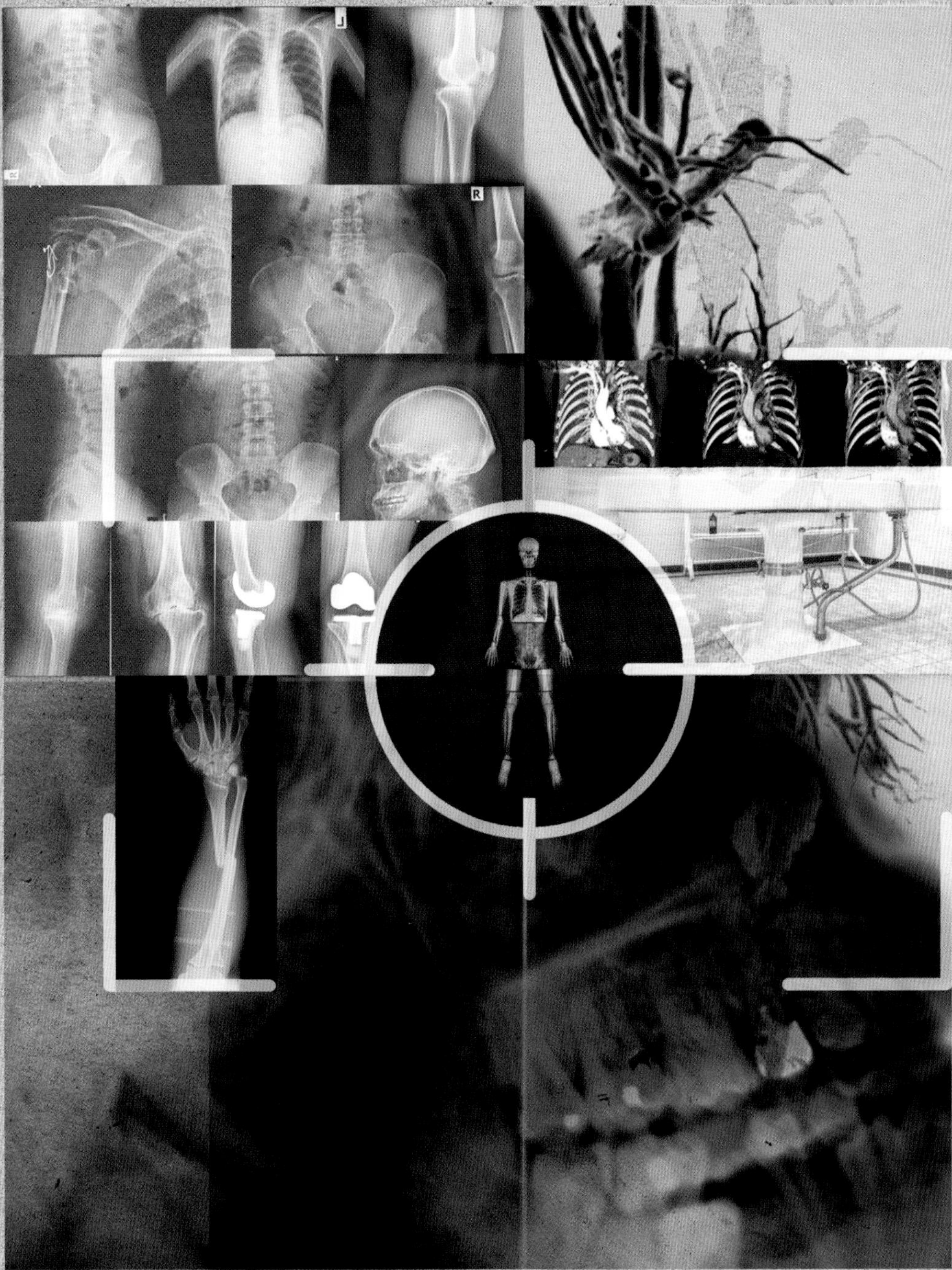

GESICHTS-REKONSTRUKTION

30-Sekunden-Drehbuch

3-SEKUNDEN-INDIZ
Die forensische Gesichtsrekonstruktion hat das Ziel, durch Nachbildung der Gesichtszüge eine Identifizierung verwester oder skelettierter menschlicher Überreste zu ermöglichen.

3-MINUTEN-BEWEIS
Bei der postmortalen Darstellung wird anstatt mit dem Schädel mit Fotografien aus dem Leichenschauhaus gearbeitet. Das daraus entstehende Bild soll dem ursprünglichen Aussehen so gut wie möglich entsprechen. Eine andere Methode ist die Überlagerung, wobei ein dreidimensionaler Schädel und das Foto einer vermissten Person übereinandergelegt werden, um sie zu vergleichen.

Wenn die vier Hauptmethoden, jemanden zu identifizieren (DNA, Fingerabdrücke, Zahnabgleich oder Röntgenbilder), keinen Erfolg haben, kann die Gesichtsrekonstruktion helfen, zum Beispiel, wenn der unbekannte Mensch nicht in der Suchdatei gespeichert ist oder wenn die Verwesung des Körpers über den Punkt des Datenabgleichs hinaus fortgeschritten ist. Es gibt drei Eckpfeiler der Gesichtsrekonstruktion: die durchschnittliche Dicke des Weichgewebes im Gesicht, die Einschätzung der Gesichtszüge und den plastischen Aufbau der Muskulatur. Die Durchschnittsdicke, die der Messung am nächsten kommt, könnte einer anderen Volksgruppe angehören (Herkunft des Leichnams ist unbekannt) und dient lediglich als Anhaltspunkt. Die Muskeln werden der Schädelform angepasst und haben bei Abweichung mehr Gewicht als die durchschnittliche Gewebsdicke. Die Augenhöhlen geben Aufschluss darüber, ob der Tote eher tief liegende oder vorstehende Augen hatte. Größe, Form und Symmetrie der Nase werden anhand der Knochenstruktur aufgebaut. Die Zahnanordnung bestimmt die Mundbreite und die Lippenform. Bei den Ohren kann man nur die ungefähre Größe und Form bestimmen. Alle Informationen zusammengenommen lassen ein Gesicht entstehen, das dem Original ähnlich genug sieht, um durch Familie oder Freunde erkannt zu werden.

VERWANDTE THEMEN
Siehe auch
ZAHNÄRZTLICHE AUFZEICHNUNGEN
Seite 18

3-SEKUNDEN-BIOGRAFIE

WILTON MARION KROGMAN
1903–1987
Amerikanischer Vorreiter der Rekonstruktion von Gesichtern anhand von Gewebe.

MICHAIL MICHAILOWITSCH GERASSIMOW
1907–1970
Pionier der russischen Methode, die Dicke von Gesichtsgewebe ähnlicher Leichen zu übernehmen.

RICHARD NEAVE
ca. 1936–
Medizinkünstler/Rekonstruktionsexperte und Erfinder der Manchester-Kombinationsmethode zum Aufbau der kompletten Gesichtsmuskulatur.

3-SEKUNDEN-TEXT
Chris Rynn

Die Methoden zur Rekonstruktion der Gesichtsmuskeln erlauben die Modellage eindeutiger Gesichtszüge.

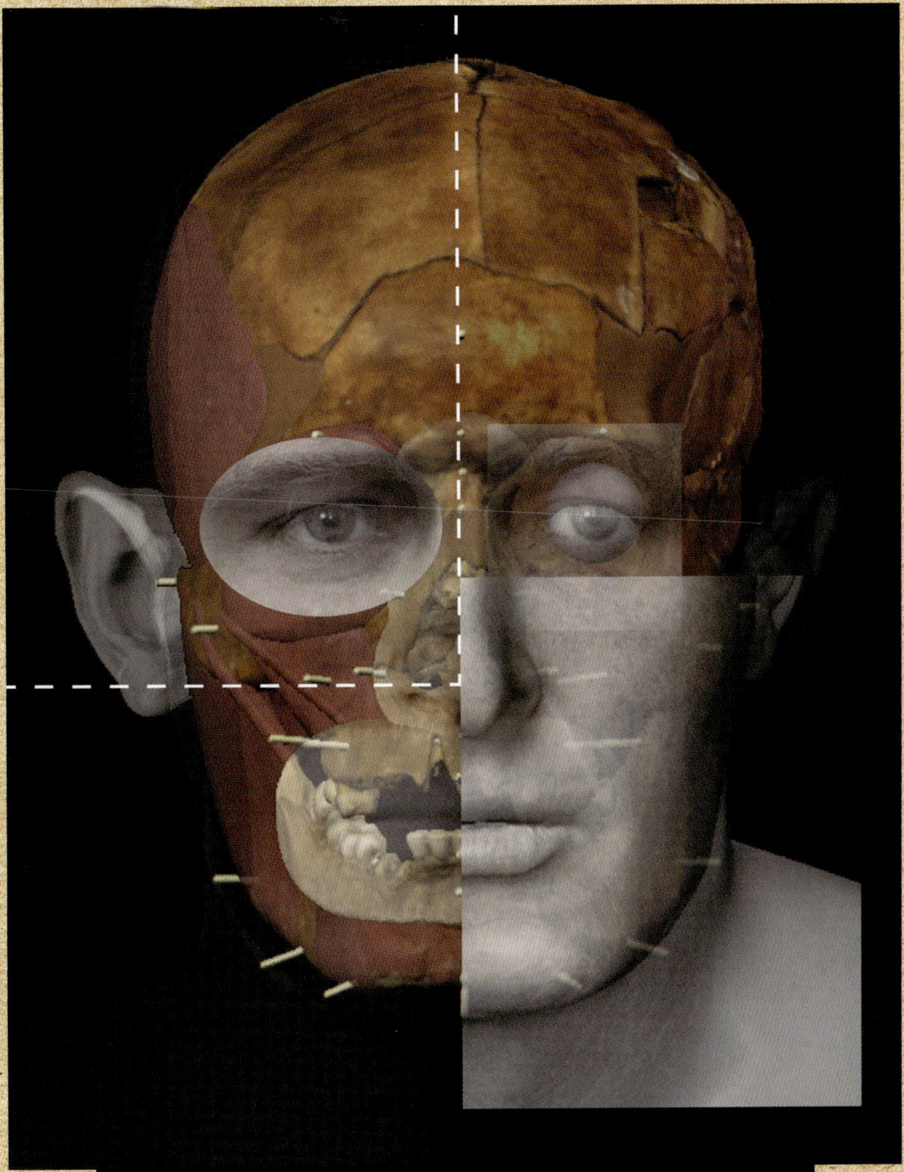

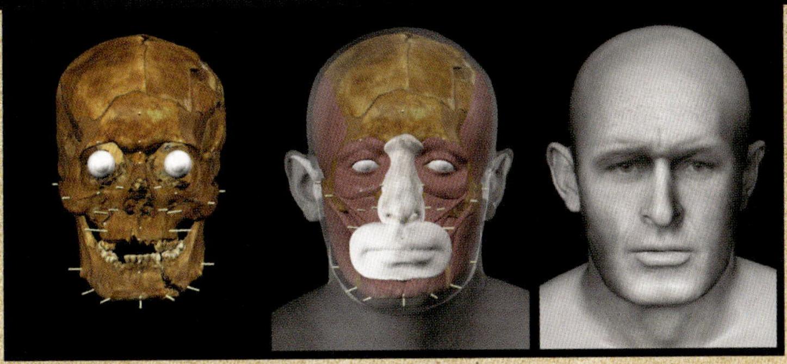

TODESZEITPUNKT

30-Sekunden-Drehbuch

Gibt es keine Augenzeugen bei einem Todesfall, muss der Eintritt des Todes durch die Informationen, die der Körper in sich birgt, berechnet werden. Der genaue Todeszeitpunkt kann für die Ermittlungen ausschlaggebend sein. Mit Eintritt des Todes beginnen durch Zellzersetzungen Veränderungen – die Verwesung setzt ein. Dazu gehören die Leichenkälte (*algor mortis*), Leichenflecke, weil die roten Blutkörperchen aufgrund der Schwerkraft absinken, und Leichenstarre durch Muskelverhärtungen. Diese Prozesse laufen zeitlich versetzt ab. Da sie schon häufig beschrieben wurden, erlauben sie eine ziemlich genaue Eingrenzung des Todeszeitpunkts. Allerdings gibt es auch biotische Störfaktoren (lebende Organismen wie Bakterien, Insekten, Aasfresser oder andere Menschen) und abiotische Faktoren (leblose Umweltfaktoren wie Wetter, Boden und Temperatur), die dazu führen, dass der Todeszeitpunkt eher geschätzt als bestimmt wird.

3-SEKUNDEN-INDIZ

Zu wissen, wie viel Zeit seit Eintritt des Todes vergangen ist, ist sowohl für die Beurteilung des Tatorts als auch für die sich anschließende Ermittlung extrem wichtig.

3-MINUTEN-BEWEIS

Nach dem Tod beginnen im Körper von Säugetieren eine Vielzahl von Prozessen, die mit Verwesung und Zersetzung zu tun haben. So können Insekten dabei helfen, eine ziemlich genaue Bestimmung der Todeszeit vorzunehmen. Schmeißfliegen beispielsweise werden von toten Körpern angezogen, auf deren nackte Hautstellen sie Eier ablegen. Die Eier und die daraus schlüpfenden Larven verbleiben bis zur Verpuppung auf dem Körper. Das Entwicklungsstadium der Larven kann Aufschluss darüber geben, wie viel Zeit seit dem Tod vergangen ist.

VERWANDTE THEMEN

Siehe auch
FORENSISCHE ENTOMOLOGIE
Seite 102

3-SEKUNDEN-BIOGRAFIE

WILLIAM BASS
1928–
Einer der Gründer des wissenschaftlichen Instituts an der Universität von Tennessee in Knoxville, USA, an der die Verwesung des menschlichen Körpers an Leichen studiert wird. Als erste Einrichtung ihrer Art ist sie auch heute noch die bekannteste. Bass initiierte sie, als ihm bewusst wurde, wie wenig bis dato über die Prozesse im Körper nach dem Tod bekannt war.

3-SEKUNDEN-TEXT

Lucina Hackman

Die Verwesung ist ein zeitlich bezogener Vorgang und in hohem Maße abhängig von der Umgebungstemperatur und anderen Umweltfaktoren.

TRAUMA

30-Sekunden-Drehbuch

Ein Trauma ist die Folge äußerer Gewalt auf den Körper und kann sowohl Weich- als auch Hartgewebe oder beides gleichzeitig betreffen. Ein Trauma wird durch seine Position am Körper, sein Aussehen und der Art von Gewalt, die es verursacht hat, definiert. Wann die Gewaltanwendung erfolgte, gehört ebenfalls zur Definition. Geschah es vor dem Tod, handelt es sich um ein Trauma ante mortem, während des Eintretens des Todes ist das Trauma perimortem, danach post mortem. Bei Weichgewebe unterscheidet man vier Arten Traumata: Abschürfungen, Blutergüsse (Prellungen), Riss- und Schnittwunden, letztere werden unterschieden als scharfe, stumpfe oder fragmentierende Gewalt. Jede Art hinterlässt ihr eigenes Trauma-Schema. Den meisten Schaden nimmt das Weichgewebe, Knochen sind nicht jedes Mal in Mitleidenschaft gezogen. Die Trauma-Analyse vermittelt Erkenntnisse über die Todesart- und -ursache, durch sie lassen sich Hergänge rekonstruieren. Gegenstände hinterlassen Spuren und tragen zur Identifizierung bei, wie Schuhabdrücke oder Schnittwunden. Wo es kein Weichgewebe gibt, kann das Trauma, das an den Knochen durch stumpfe, scharfe oder ballistische Gewalteinwirkung entstanden ist, bei der Nachstellung von Vorgängen helfen.

3-SEKUNDEN-INDIZ

Mit Trauma bezeichnet man die Verletzung nach Gewalt von außen an Weichgewebe (Haut, Muskeln) und Hartgewebe (Knochen, Zähne).

3-MINUTEN-BEWEIS

Knochen reagieren auf Trauma gewöhnlich mit einer Fraktur. Dabei reichen die Erscheinungsformen von der einfachsten Variante, dem glatten Bruch, bis zur kompliziertesten Art, dem Trümmerbruch, bei dem der Knochen in viele Teile gespalten wird. Die verschiedenen Trauma-Arten (stumpf, scharf oder ballistisch) hinterlassen spezifische Spuren. Knochen, die auf natürlichem Weg geheilt sind oder durch ärztlichen Eingriff, tragen danach deutliche Zeichen, die auf die Art des erlittenen Traumas Aufschluss geben.

VERWANDTE THEMEN

Siehe auch
VERSTÜMMELUNG
Seite 30

WERKZEUGSPUREN
Seite 76

3-SEKUNDEN-BIOGRAFIE

ANTISTIUS
Gest. im Jahr 10 oder 11
Römischer Arzt, der den Leichnam von Julius Cäsar 44 v. Chr. untersuchte. Er fand 23 Stichwunden, von denen nur eine tödlich war. Sein Autopsiebericht gilt als erste medizinische Expertise in einer Mordermittlung.

KEITH SIMPSON
1907–1985
Forensischer Pathologe aus England, Mitgründer und Präsident der Association of Forensic Medicine, Autor eines Standardwerks in forensischer Pathologie über die Auswirkungen von Trauma auf den Körper, das heute noch aufgelegt wird.

3-SEKUNDEN-TEXT

Lucina Hackman

Wunden an einem Körper können Hinweise auf die Todesart und -ursache geben.

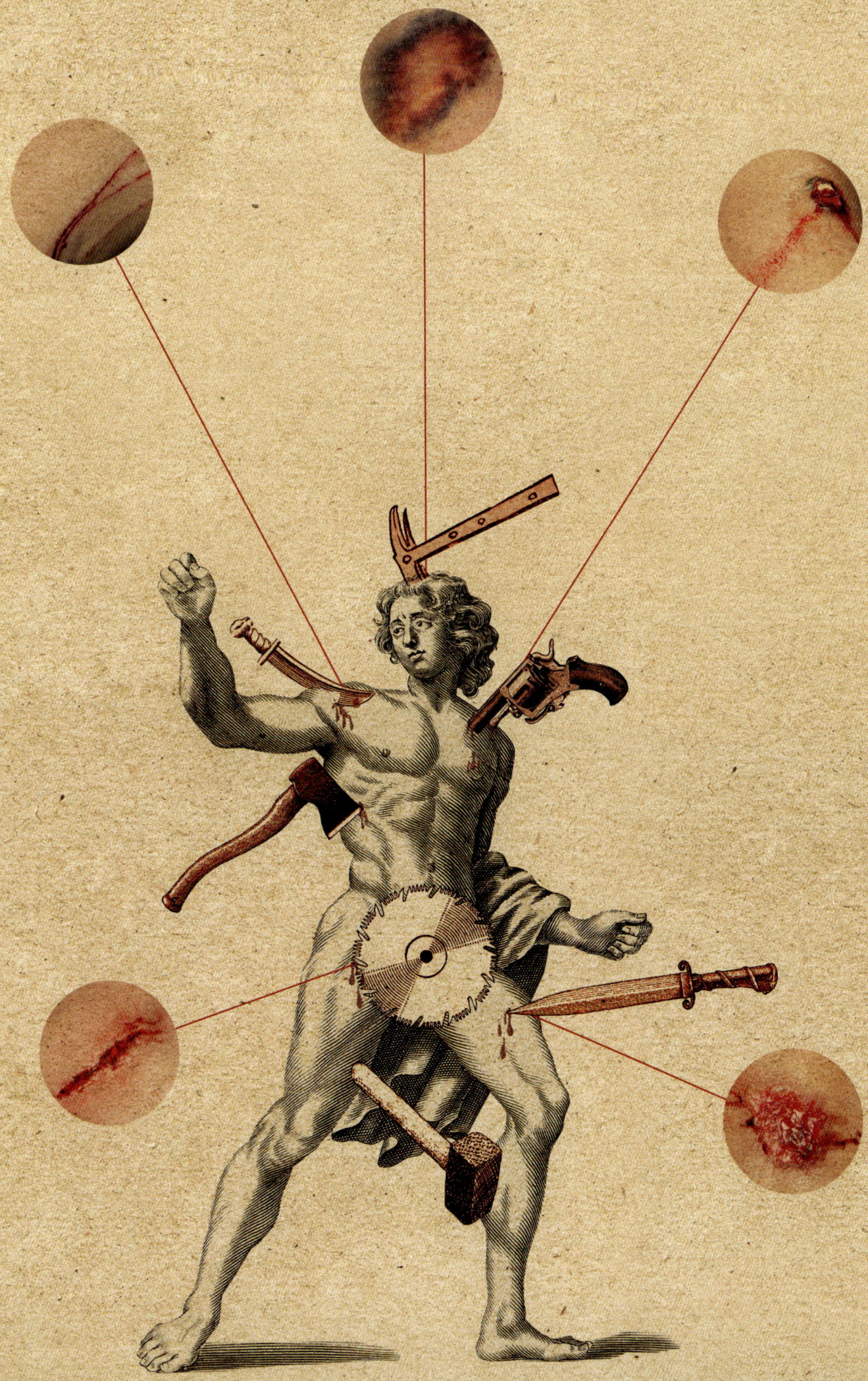

VERSTÜMMELUNG

30-Sekunden-Drehbuch

Zur Verstümmelung eines Leichnams kommt es normalerweise nach einem Mord oder Totschlag. Meist findet dies in der Wohnung des Opfers oder Täters statt. Meist kennen sich Täter und Opfer, häufig sind Drogen und/oder Alkohol im Spiel. Selten ist eine Verstümmelung geplant oder kommt als Mordserie vor. Aktuell gibt es fünf wissenschaftlich aufgestellte Klassifizierungen für Verstümmelungen: die defensive Verstümmelung kommt am häufigsten vor. Durch sie soll das Verbrechen vertuscht, die Leiche entsorgt oder die Identität des Opfers verborgen werden. Bei der aggressiven Verstümmelung werden dieselben aggressiven Gefühle, die zum Mord geführt haben, weiter ausgelebt, sie könnte als Overkill bezeichnet werden. Offensive Verstümmelung ist häufig für den Täter eine sexuelle Belohnung oder geschieht aus sadistischer Freude an der Tat. Bei einer nekromanischen Verstümmelung werden Körperteile als Trophäen oder Fetische behalten. Die kommunikative Verstümmelung sendet Botschaften und Warnungen an andere. Ein verstümmelter Körper birgt viele Hinweise in sich, da der Täter zur Verstümmelung meist Knochenschnitte ansetzt, was wiederum auf das Tatwerkzeug schließen lässt. Auch die Lage des Körpers während der Verstümmelung und die Reihenfolge der Schnitte geben Aufschlüsse.

3-SEKUNDEN-INDIZ

Mord wird als das abscheulichste Verbrechen angesehen, das Menschen einander antun können, allerdings gilt die Verstümmelung eines Leichnams sogar als Steigerung.

3-MINUTEN-BEWEIS

Zumeist werden für Verstümmelungen ganz gewöhnliche Messer oder Sägen benutzt. Es wurden auch schon exotischere Werkzeuge verwendet, wie Kettensägen, Guillotinen, Bootspropeller, Schwerter oder Gartenhäcksler. Die Zerlegung des Körpers in sechs Teile – Kopf, Rumpf, zwei obere und zwei untere Extremitäten – ist am beliebtesten, genau wie das Einwickeln der Teile in Plastik, bevor sie in Wasser geworfen wurden, meist in einen Fluss oder einen See.

VERWANDTE THEMEN

Siehe auch

FORENSISCHE ANTHROPOLOGIE
Seite 16

SIR BERNARD SPILSBURY
Seite 20

WERKZEUGSPUREN
Seite 76

3-SEKUNDEN-BIOGRAFIE

BILL HAGLUND
1943–
Forensischer Anthropologe, profilierter Autor und Hauptberater des International Criminal Tribunal für die Konflikte in Ruanda und dem früheren Jugoslawien. In beiden Gebieten wurden täglich Verstümmelungen durchgeführt.

HELINÄ HÄKKÄNEN-NYHOLM
1971–
Psychologin aus Finnland, die das Wesen der Verstümmelung studiert und darüber geschrieben hat. Sie ist außerdem eine Profilerin und Beraterin der finnischen Polizei.

3-SEKUNDEN-TEXT

Lucina Hackman

Verstümmelungen können rituelle oder sadistische Gründe haben oder der Entsorgung dienen.

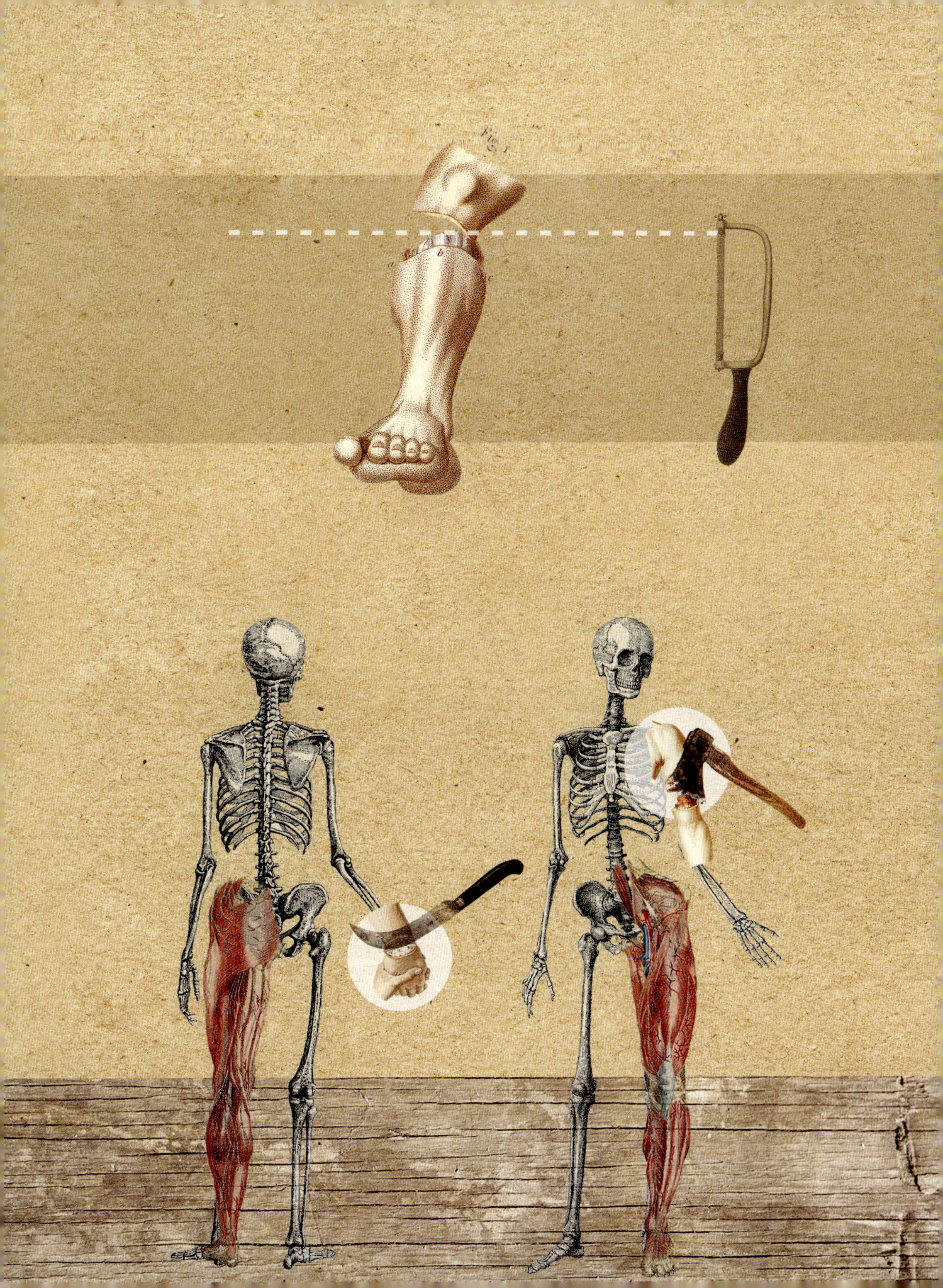

BIOMETRIE

BIOMETRIE
GLOSSAR

Augenchirurg Ein auf Erkrankungen der Augen und Augenhöhlen spezialisierter Arzt.

Ausgangsschrift, lateinische Schrift Handschriften, die mit speziellen und identifizierbaren Merkmalen ausgeführt werden.

automatische Biometrie Eine automatische Identitätskontrolle.

autonomes Nervensystem Teil des Nervensystems außerhalb unserer Kontrolle.

Fingerabdruckrückstände Sekrete, die bei Kontakt mit Oberflächen abgesondert werden.

Genetische Hotspots Zonen eines Genoms (siehe rechts) mit größeren Variationen, die zu genetischer Vielfalt führt.

Genkopien Genmaterial, das durch Duplikation von Genen entsteht. Einige Duplikate, wie ribosomale RNA-Gene, bleiben aktiv. Siehe hierzu auch Pseudogene.

Genom Die Ganzheit des genetischen Materials innerhalb einer Zelle oder eines Organismus.

gespaltene Gene Fast alle Gene besitzen DNA-Sequenzen mit einem Biomolekül, durchsetzt mit nichtkodierenden DNA-Sequenzen. Die nichtkodierenden DNA-Sequenzen heißen gespaltene Gene.

Locus (Plural Loci) Ein bestimmter Ort in einem Genom, an dem ein definierter DNA-Bestandteil, wie beispielsweise ein Gen, platziert ist.

Podologie Ein medizinischer Sonderbereich für Füße und Knöchel und deren Erkrankungen.

Pseudogene Gensequenzen, die nach Genduplikationen übrig bleiben und nicht länger aktiv sind. Siehe hierzu Genkopien.

Short Tandem Repeats (STR) Auch bekannt als Mikrosatelliten, sind STR Gensequenzen mit einer Länge von 2 bis 6 Basenpaaren, die immer wieder in gleicher Reihe (Tandem) wiederholt werden. Wie oft diese Gensequenzen wiederholt werden, ist unterschiedlich, was zu großer Variation führt. STR sind die Standardinformationen für ein DNA-Profiling.

Verhaltensbiometrie Identifizierung einer Person anhand ihres Verhaltens, zum Beispiel Handlungen oder Ganganalyse.

Wangenabstrich Entnehmen einer DNA-Probe, dabei wird ein Wattestäbchen über die Wangeninnenseite gestrichen.

Wulstnarbe Eine aufliegende Narbe, die über die Hautoberfläche hinweg ragt.

DNA-PROFILING

30-Sekunden-Drehbuch

Seit 1986 wird das forensische Verfahren erfolgreich eingesetzt, bei dem anhand einer Probe vom Tatort die Spur zu einer Person führen kann. Das DNA-Profilingverfahren hat die forensische Biologie revolutioniert und ist heute eine Standard-Methode. Fantastisch ist, dass ein DNA-Profil aus sowohl Blut, Speichel, Samen oder auch Hautzellen entsteht. Eine Speichelprobe kann also mit einer Blutprobe verglichen werden oder mit einem Fingerabdruck auf einem Messergriff oder einer Verpackung. Die Tests sind so empfindlich, dass sie lediglich 200 Zellen benötigen, ungefähr so viele bleiben zurück, wenn ein Finger wenige Sekunden lang eine Oberfläche berührt. Man geht davon aus, dass jede DNA einzigartig ist. Das Genom komplett zu testen, wäre allerdings zu aufwendig, so nimmt man einige hochvariable Bereiche dafür, die Short Tandom Repeats (STR). Sie sind seit 1994 das Fundament des DNA-Profilierungsverfahrens, als man noch lediglich vier Loci untersuchte. Heute werden 16 bis 24 Loci begutachtet – je mehr, umso sicherer lässt sich eine bestimmte Person identifizieren.

3-SEKUNDEN-INDIZ
Die Forensik setzt DNA-Profilingverfahren zur Identifizierung von Personen ein, wofür Varianten der genetischen Konstruktion verwendet werden.

3-MINUTEN-BEWEIS
In vielen Ländern existieren DNA-Datenbanken von verurteilten Verbrechern. Alle Proben von Personen oder von einem Tatort können dort eingegeben und abgeglichen werden. In Großbritannien wurde die Datenbank 1995 eingerichtet, zurzeit enthält sie mehr als sechs Millionen Proben. Die Chancen dafür, dass ein DNA-Profil von einem Tatort in der Datenbank bereits gespeichert ist, liegt bei 45 Prozent.

VERWANDTE THEMEN
Siehe auch
SIR ALEC JEFFREYS
Seite 42

HAARE
Seite 58

KÖRPERFLÜSSIGKEITEN
Seite 66

BLUT
Seite 82

3-SEKUNDEN-BIOGRAFIE
PETER GILL
1952–
Britischer Forensiker, half bei der ersten Durchführung des DNA-Profilierungsverfahrens und war seither an fast allen Entwicklungen auf diesem Sektor dabei, von der Technologie bis zur Interpretation vermischter DNA-Profile.

3-SEKUNDEN-TEXT
Adrian Linacre

DNA aus Hautzellen und Körperflüssigkeiten kann eine Verbindung von dem Verdächtigen zum Verbrechen beweisen oder Unschuldigen Befragungen ersparen.

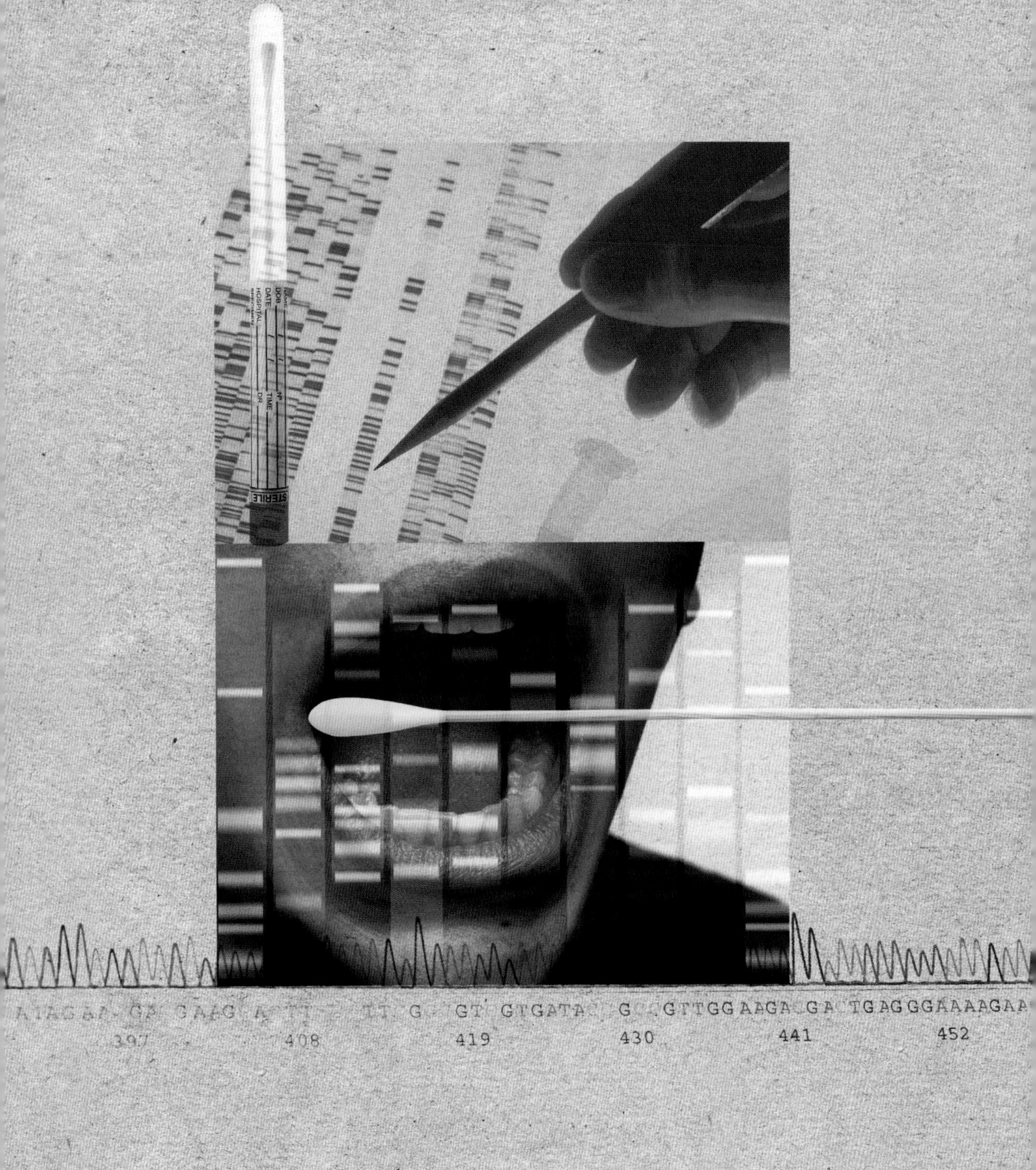
STERILE
397
408
419
430
441
452

FINGERABDRÜCKE

30-Sekunden-Drehbuch

Nahezu alle Menschen auf der Welt besitzen Fingerabdrücke. Das Vergleichen der Schleifen, Bogen und Wirbel der Papillarleisten wird seit dem 19. Jahrhundert bei Kriminalfällen eingesetzt. Die Muster der Abdrücke werden durch Puder, Chemikalien oder Lichtquellen sichtbar gemacht. So entdeckt man die Aminosäuren, natürlichen Öle, Eiweiße und anderen Sekrete, die nach einer Berührung auf Oberflächen zurückbleiben. Der Abdruck wird fotografiert und mit dem einer verdächtigen Person verglichen oder in eine Datenbank eingegeben, die aus den Millionen von gespeicherten Fingerabdrücken die ähnlichen herausfiltert. Das gebräuchlichste System dafür ist AFIS (Automatisiertes Fingerabdruckidentifizierungssystem). Ein Fachmann entscheidet am Ende darüber, ob es sich um einen „Treffer" handelt: Er sieht sich das Gesamtmuster an, den Schwung, die Anzahl der Papillarleisten und winzige Details namens Minutien. Die Phasen des Vergleichs sind: Bewertung der Abdruckqualität, Vergleich der Eigenschaften mit einem anderen Fingerabdruck, Abwägung, ob die Abdrücke mit denen der verdächtigen Person übereinstimmen und Ausschluss, wenn das vermutlich nicht zutrifft oder eine Festlegung unmöglich ist. Zu guter Letzt die Bestätigung durch einen anderen unabhängigen Gutachter, der die Ergebnisse untersucht.

3-SEKUNDEN-INDIZ
Bei der Untersuchung von Fingerabdrücken werden Abdrücke auf Oberflächen sichtbar gemacht und mit gespeicherten Daten in einer Datenbank oder den Fingerabdrücken einer Person verglichen.

3-MINUTEN-BEWEIS
Wie deutlich ein Fingerabdruck ist, ist vom Kontakt zur Oberfläche abhängig, auch ob die Person ein guter Spender von Sekreten ist und vom Alter des Abdrucks. Was von einem Fingerabdruck zu sehen ist, liegt auch an der jeweiligen Oberfläche, so werden die Mittel zur Untersuchung auf die Oberfläche abgestimmt. Es kommt vor, dass Menschen mit rauen körperlichen Berufen, wie Maurer, durch Abrieb ihre Fingerabdrücke verlieren.

VERWANDTE THEMEN
Siehe auch
DNA-PROFILING
Seite 36

3-SEKUNDEN-BIOGRAFIE

FRANCIS GALTON
1822–1911
Ein Halbcousin von Charles Darwin, von ihm stammt eine frühe Fingerabdruck-Klassifizierung, die auch heute noch in einigen Ländern angewandt wird.

WILLIAM JAMES HERSCHEL
1833–1917
Britischer Offizier, der als erster vermutete, dass Fingerabdrücke einzigartig und individuell sind und sich im Laufe eines Lebens nicht wesentlich verändern.

HENRY FAULDS
1843–1930
Schottischer Arzt, der 1880 im Journal Nature empfahl, dass sich Fingerabdrücke zur Identifizierung eignen.

3-SEKUNDEN-TEXT
Niamh Nic Daéid und Sue Black

Dass Fingerabdrücke einzigartig und damit für Identifizierungen wertvoll sind, war bereits im 19. Jahrhundert bekannt.

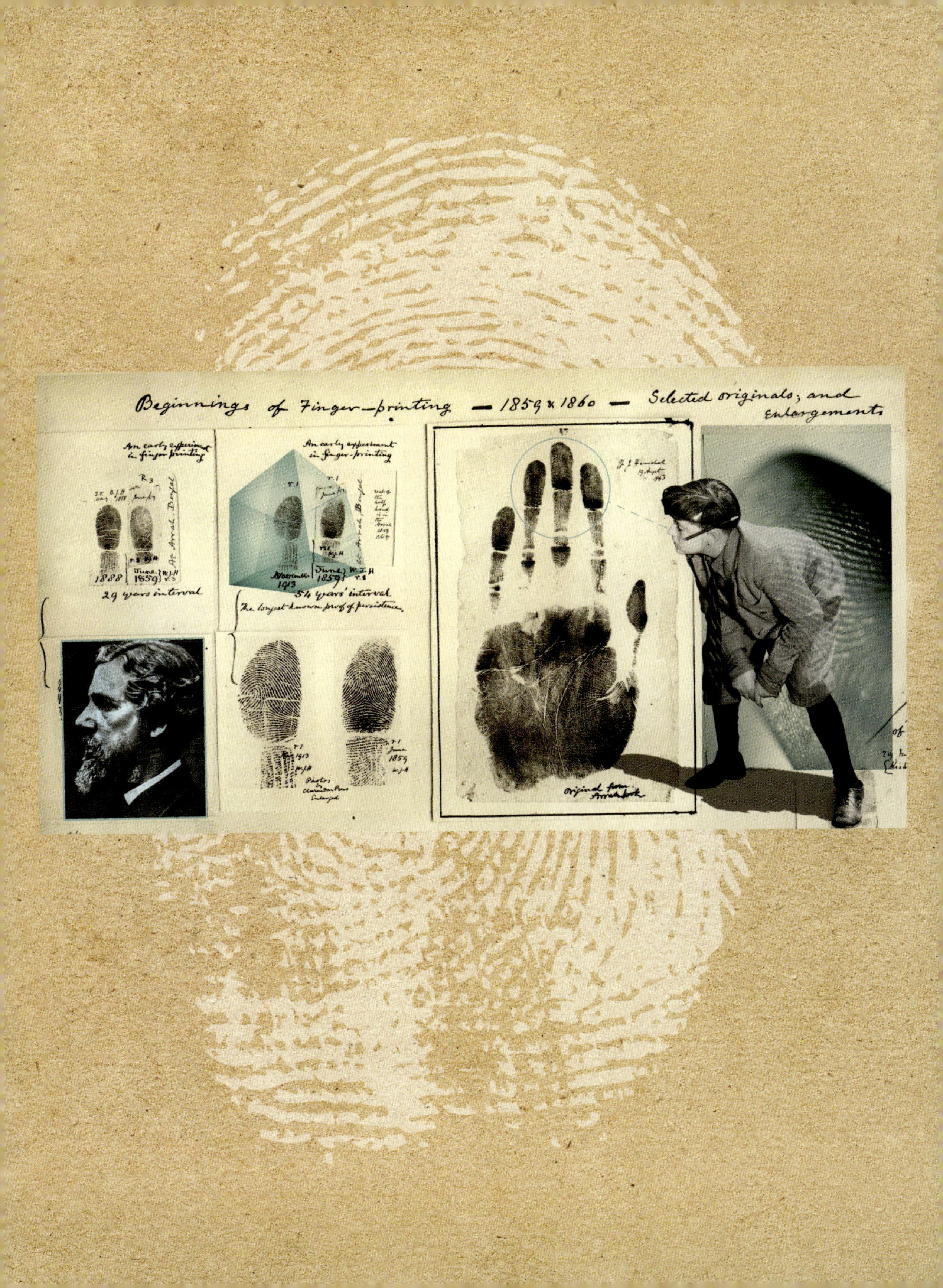
Beginnings of Finger-printing — 1859 x 1860 — Selected originals; and Enlargements
An early experiment in finger-printing
29 years interval
An early experiment in finger-printing
54 years' interval
The longest known proof of persistence.

ANATOMISCHE IDENTIFIZIERUNG

30-Sekunden-Drehbuch

Menschliche Körper gibt es in höchst variablen Erscheinungsbildern. Dies macht man sich in der Forensik zunutze, um verstorbene Personen mit denen zu vergleichen, die als vermisst gemeldet wurden oder einer Straftat zum Opfer fielen. So weist die Haut viele Identifizierungsmerkmale auf, einschließlich der 36 verschiedenen Hauttöne, die nicht immer einheitlich über einen Körper verteilt sein müssen, sondern sich als Sommersprossen, Muttermale, Leberflecke oder Pigmentflecke zeigen. Lage und Aussehen sind dabei beliebig. Verletzungen der Haut erscheinen als weiße oder auch als aufliegende Narben. Die Haut kann dauerhaft gefärbt (Tattoos) sein, Implantate oder Piercings können in ihr stecken. Die sichtbare Anordnung der Venen unter der Haut kann ebenso Hinweise zur Identifizierung geben und dient als verlässliche biometrische Zutrittserlaubnis zu vielen Hochsicherheitsanlagen, weil sie einzigartig ist. Auch hat jeder Fingerknöchel sein eigenes Hautfaltenmuster. Die Körperhälften sind spiegelgleich – im Gegenteil: Der Grad der Asymmetrie ist bei ihnen so hoch, dass er zur Identifizierung in der Forensik herangezogen wird, übrigens auch bei eineiigen Zwillingen, die nicht über identische anatomische Merkmale verfügen.

3-SEKUNDEN-INDIZ
In unserem Alltag erkennen wir Menschen durch eine visuelle Analyse ihrer Anatomie – genau wie bei einer forensischen Ermittlung.

3-MINUTEN-BEWEIS
Es ist bereits alltäglich, dass Menschen ihre Körper verändern: So ist jeder dritte junge Erwachsene tätowiert, mehr als anderthalb Millionen Tattoos kommen jährlich allein in Großbritannien hinzu. Mehr als 80 Prozent aller Frauen hat mindestens ein Ohrloch, Platz 2 belegt das Nasen-Piercing, gefolgt vom Brustwarzen-Piercing. Im Mundbereich wird meist die Zunge durchstochen. Genital-Piercings sind bei Frauen verbreiteter als bei Männern.

VERWANDTE THEMEN
Siehe auch
AUTOPSIE
Seite 14

GESICHTSREKONSTRUKTION
Seite 24

GESICHTSERKENNUNG
Seite 46

3-SEKUNDEN-BIOGRAFIE
LADY RANDOLPH CHURCHILL
1854–1921
Im 19. Jahrhundert war das Tätowieren eine Extravaganz für Reiche. Jennie Churchill soll kühn das talmudische Zeichen für die Unendlichkeit auf ihrem Handgelenk getragen haben, das sie mit langen Ärmeln und Armreifen verborgen hielt.

3-SEKUNDEN-TEXT
Sue Black

Die anatomische Identifizierung beruft sich auf die sichtbaren Abweichungen wie Leberflecke und Narben bis hin zu Körperkunst.

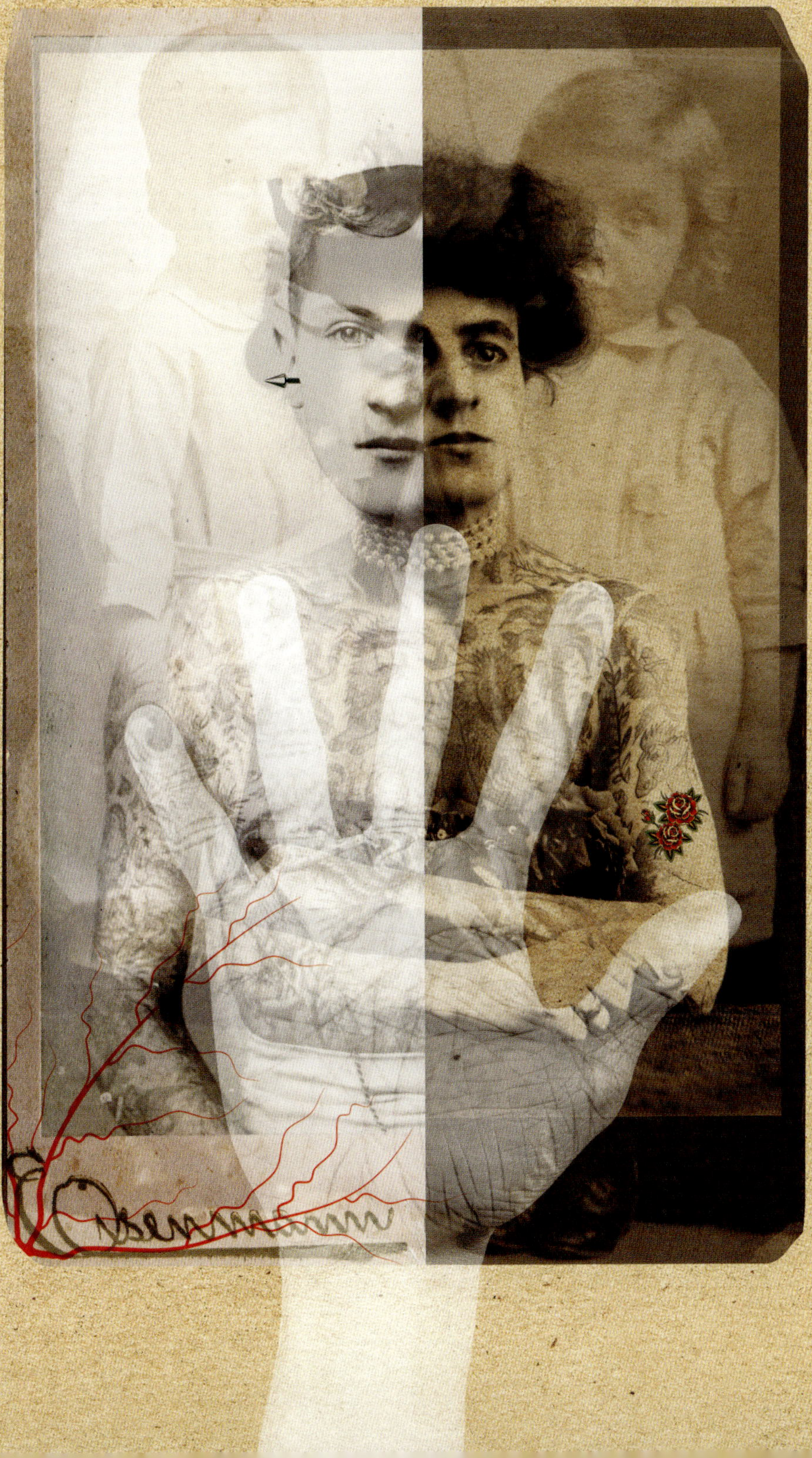

1950
geboren in Oxford, England

1972
beendet Bachelor-Studium der Biochemie am Merton College, Oxford

1975
promoviert über Mitochondrien von kultivierten Säugetierzellen an der Universität von Oxford

1984
Forschungen ergeben, dass die DNA individuell ist

1985
liefert die Beweise in einem Einwanderungsfall

1986
wird zum Mitglied der Royal Society gewählt

1988
der Fall Colin Pitchfork
der erste Mensch, der durch DNA-Nachweis überführt wurde

1992
wird zum Ehrenbürger von Leicester ernannt

1994
wird für seine Dienste zum Ritter geschlagen

1996
gewinnt den Albert Einstein World Award of Science

2004
erhält die Königliche Medaille der Royal Society

2014
erhält die Copley-Medaille der Royal Society

2017
Aufnahme in den Orden Companions of Honour

SIR ALEC JEFFREYS

Mit acht bekam Alec Jeffreys einen Chemiekasten, mit dem er erfolgreich Explosionen und schlechte Gerüche produzierte. Mit 12 erforschte er die Natur, indem er Hummeln und tote Katzen sezierte.

Später studierte er mit einem Stipendium am Merton College in Oxford, an dem er 1972 mit dem Bachelor in Biochemie abschloss und 1975 promovierte. Zu dem Zeitpunkt hatte es ihn bereits in die Welt der medizinischen Genetik verschlagen.

Die große Erkenntnis, dass die DNA eines Menschen einzigartig ist und jeder daran identifiziert werden kann, kam ihm, als er sich bei Tests darüber wunderte, dass es Unterschiede in der DNA der Familienmitglieder eines Mitarbeiters gab.

Jeffreys fungierte seither in vielen beachteten Rechtsfällen als Berater. Der erste war im Jahr 1985, als er bei einer umstrittenen Einwanderung eines ghanaischen Kindes assistierte. Die familiären Beziehungen waren kompliziert, aber er konnte beweisen, dass das DNA-Profil des Vaters von den Profilen seiner bekannten Kinder konstruiert werden konnte. Das Kind konnte daraufhin als zur Familie gehörig identifiziert werden und nach Großbritannien einreisen.

1985 wurde der erste Fall verhandelt, in dem ein Mörder aufgrund seiner DNA überführt wurde, auch mit Jeffreys Hilfe. Colin Pitchford wurde schuldig gesprochen, die 15-jährige Lynda Mann in Leicestershire vergewaltigt und umgebracht zu haben. Neben Lyndas Ermordung gab er mehr als 1000 Vorfälle unsittlichen Entblößens zu. Er erhielt eine Gefängnisstrafe von 30 Jahren, die später auf 28 Jahre reduziert wurde.

Trotz seines weltweiten Ruhms als forensischer Wissenschaftlicher hing Jeffreys Herz an der medizinischen Genetik. Er entwickelte neue Techniken, um spontane Veränderungen der genetischen Informationen bei der Übertragung von Eltern auf Kinder zu entdecken. Diese Veränderungen werden Hotspots genannt und sind fast schon paradox. Sie verursachen Rekombinationen, die die genetische Vielfalt und Evolution verstärken, aber ironischerweise gleichzeitig Mutationen hervorbringen, die diese Rekombination unterdrücken. Die Mutationen ersticken den Hotspot, der schließlich keine Rekombinationen zulässt. Jeffreys erkannte, dass „Hotspots den Samen der Selbstzerstörung tragen in sich selbst tragen". Außerdem ist Jeffreys Entdecker der Genkopien, der gespaltenen Gene und der Pseudogene.

Er wurde mit vielen Preisen, Auszeichnungen und Ehrentiteln bedacht. 1994 schlug Queen Elisabeth II ihn für seine Verdienste im Bereich der Genetik zum Ritter, 2017 wurde er zum Companion of Honour erhoben. Nach eigenen Angaben entspannt er beim Surfen in Cornwall und beim Lesen trivialer Bücher.

Sue Black

GANGANALYSE

30-Sekunden-Drehbuch

3-SEKUNDEN-INDIZ
Ohne Zweifel können wir Personen, die wir kennen, aus einer gewissen Entfernung an ihrer Art zu gehen und sich zu halten erkennen.

3-MINUTEN-BEWEIS
Zwischen 2007 und 2016 wurden 13 abgetrennte Füße an die Küste British Columbias in Kanada angeschwemmt, die noch in Socken und Schuhen steckten. Das Meerwasser hatte die Füße von den Körpern abgetrennt, konserviert wurden sie durch die Schuhe. Die Füße konnten vielen Ertrunkenen zugeordnet werden. Der Entwicklung hin zu leichteren Schuhen, die auf dem Wasser treiben anstatt unterzugehen, und so eher angeschwemmt werden, ist dafür zu danken.

Die forensische Ganganalyse vergleicht zwei Videoaufnahmen einer verdächtigen Person in Bewegung miteinander. Eine der Aufnahmen stammt üblicherweise von einer Überwachungskamera nahe des Tatorts, die andere entsteht während des Polizeigewahrsams. Bei der Ganganalyse werden nicht nur die unteren Gliedmaße betrachtet, sondern auch der restliche Körper, da beim Gehen zeitgleich Rumpf, obere Gliedmaßen, Kopf und Halsbereich in Bewegung sind. Gehen erfolgt zyklisch, jeder Zyklus ist ein Schritt, der aus Lastaufnahme und Schwungphase besteht. Der Zyklus beginnt mit der Lastaufnahme, wenn die Ferse den Boden berührt. Es folgt eine Stützphase, in der das Gewicht über den Fuß verteilt wird, die in der Abstoßphase endet, wonach die Schwungphase auf den anderen Fuß wechselt. Es wird untersucht, welche Abdrücke der Gang auf weichem Boden hinterlässt sowie der Abdruck, der im Schuh durch den Schritt entsteht. Die Ganganalyse steckt allerdings noch in ihren Kinderschuhen. Bis zur verlässlichen Verwendung vor Gericht sind noch umfassende Forschungen nötig.

VERWANDTE THEMEN
Siehe auch
AUTOPSIE
Seite 14

FORENSISCHE ANTHROPOLOGIE
Seite 16

VERSTÜMMELUNG
Seite 30

3-SEKUNDEN-BIOGRAFIE
NORMAN GUNN
1924–2015
Kanadischer Veteran des zweiten Weltkriegs und Podologe. Dr. Gunn hat als erster Podologe in den 1970er Jahren in der Forensik gearbeitet und gilt als Begründer dieses Felds.

3-SEKUNDEN-TEXT
Sue Black

Die Analyse des Gehens oder Rennens kann biomechanische Auffälligkeiten zutage bringen, die hilfreich beim Vergleichen von Videoaufnahmen von verdächtigen Personen sind.

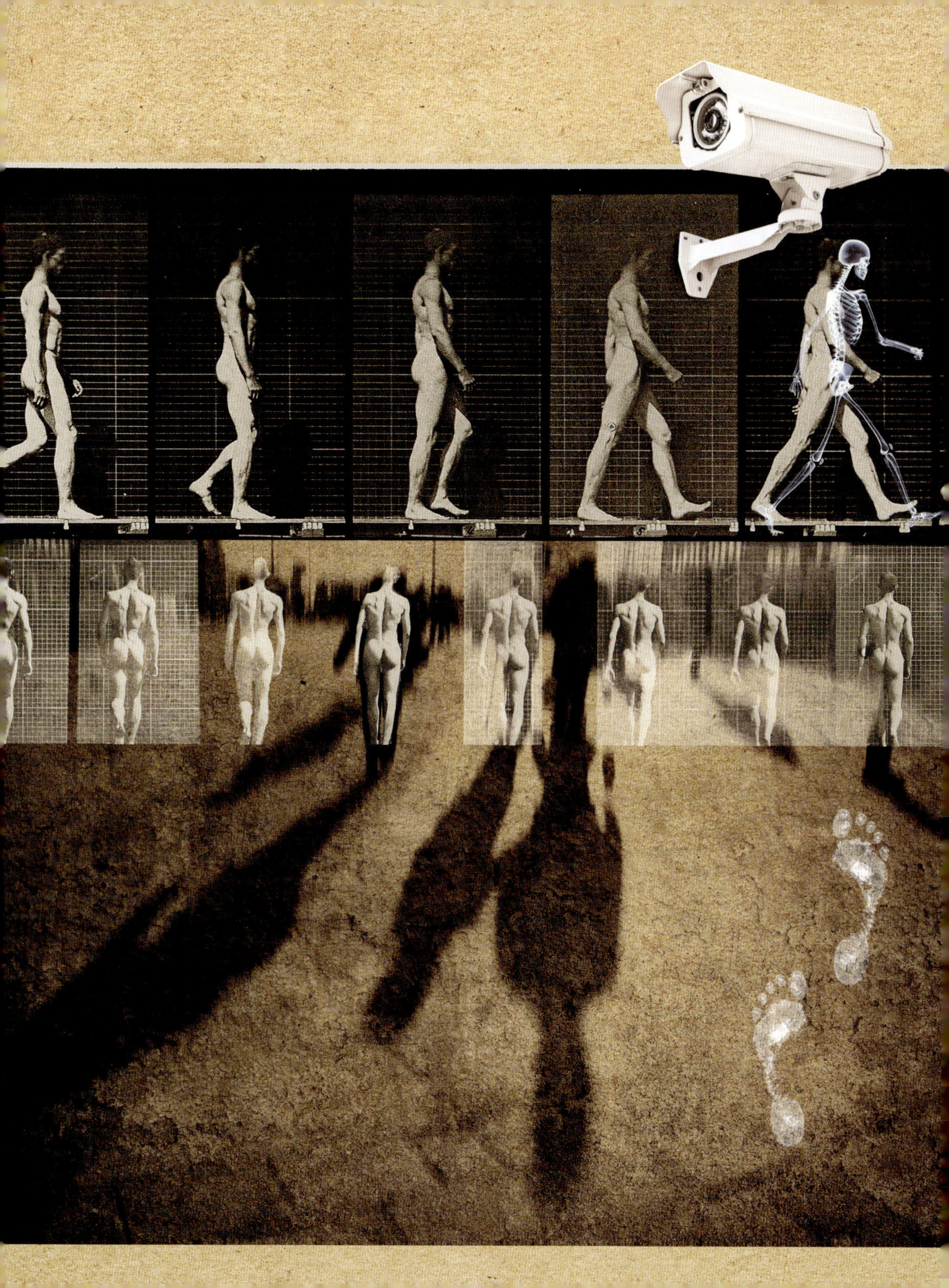

GESICHTS-ERKENNUNG

30-Sekunden-Drehbuch

Unser Gesicht ist komplex, asymmetrisch und dreidimensional. Es verändert sich mit jedem Ausdruckswechsel erheblich. Bei der Gesichtserkennung geht es nicht um das Abgleichen wie bei der DNA oder Fingerabdrücken. Zwei Gesichter lassen sich nicht exakt übereinanderlegen, nicht einmal, wenn dieselbe Kamera unter denselben Bedingungen eingesetzt wird. So ist es zwar nicht möglich, über das Gesicht einen Identitätsnachweis zu erstellen, aber es lassen sich Personen von der Tat ausschließen, sei es durch die Gesichtsform, den Haaransatz oder ganz spezielle Merkmale, die nicht durch technische oder äußere Bedingungen erklärt werden können. Oft sind die Bilder aus großer Höhe aufgenommen (Überwachungskameras) oder mit einem Smartphone aus so geringer Distanz, dass die Aufnahme verzerrt ist. Bei der Gesichtserkennung gibt es sechs Phasen, die diese Grenzen verdeutlichen: 0) Keine Übereinstimmung heißt Ausschluss – Verdächtiger und Täter sind eindeutig nicht identisch, 1) kaum Übereinstimmungen, 2) mäßige Übereinstimmungen, 3) Übereinstimmungen, 4) starke Übereinstimmungen, 5) offenkundliche Übereinstimmungen. Eine definitive Einstufung, dass Täter und Verdächtiger ein und dieselbe Person sind, gibt es nicht.

3-SEKUNDEN-INDIZ

Der Gesichtsbildabgleich erfolgt unter anderem über Material aus Überwachungskameras, Aufnahmen von Zeugen oder polizeilichen Verbrecherfotos.

3-MINUTEN-BEWEIS

In Großbritannien gibt es ungewöhnlich viele Überwachungskameras: Gerade mal 5 % der Weltbevölkerung werden von einem Fünftel der weltweit operierenden Überwachungskameras gefilmt. Mit den hoch über den Straßen angebrachten Kameras lassen sich Verdächtige über ein weites Areal verfolgen. Für den Gesichtsbildabgleich der Forensiker sind sie weniger geeignet. Über private Kameras, zum Beispiel in Läden, erhält man eine viel bessere Aufnahmequalität, da sie fast auf Kopfhöhe und somit näher am Gesicht angebracht sind.

VERWANDTE THEMEN

Siehe auch
GESICHTSREKONSTRUKTION
Seite 24

ANATOMISCHE IDENTIFIZIERUNG
Seite 40

VIDEOAUSWERTUNG
Seite 120

DIGITALE GERÄTE
Seite 128

3-SEKUNDEN-BIOGRAFIE

WISSENSCHAFTLICHE ARBEITSGRUPPE FÜR DEN GESICHTSBILDABGLEICH
gegründet 1997
Erstellt Konsensnormen, Richtlinien und optimale Durchführungen im Bereich des bildbasierten Abgleichs menschlicher Gesichtszüge

3-SEKUNDEN-TEXT

Chris Rynn

Die mühelose Wandelbarkeit der Gesichtszüge erschwert die Zuordnung eines Gesichts zu einem Foto, einem Video oder der Erinnerung eines Zeugen.

ART DES VERBRECHENS
B788
Länge, 1 m 76.1
Engl. Lä.
Spannw., Arme, 1 m
Rumpf,
Sitzhöhe,
Kopf, Lä., 18.6
", Br. 14.3
Wangen,
Re. Ohr Lä,
Br,
Li. Fuß 27.4
Li. Mittelf. 12.6
Li. Kl. F.
Li. U-arm 49.9
Farbe li. Aug.
Iris,
Limbus.
Auffä.
Alter
Jahr
Gewicht
Statur
Körp. Beschaff.
BEMERKUNGEN ZUR VERMESSUNG
4293
4243
BESCHREIBUNG
Stirn.
Haarans.
Höhe
Breite
Auffäll.
Nase.
Profil
Rücken
Basis
Wurzel
MAßE.
Länge
Ausbuchtung
Breite
Besonderh.
re. Ohr
Rand,
Läppchen,
Zähne,
Kinn,
Haare
Bartform
Bartfarbe
GEMESSEN BEI
DATUM
VON

IRISERKENNUNG

30-Sekunden-Drehbuch

3-SEKUNDEN-INDIZ
Iriserkennung ist eine automatisierte biometrische Disziplin. Sie vergleicht Augen anhand der komplexen Struktur der Minutien.

3-MINUTEN-BEWEIS
2011 wurde in Indien das biometrische Programm Aadhaar auf den Weg gebracht. Erfassten Personen wurde ein 12-stelliger Erkennungscode gemäß ihrer biometrischen Identität zugeordnet, der einen Iriserkennung enthält. Dieses größte biometrische Projekt hatte bis 2017 bereits 1,2 Milliarden Menschen erfasst. Es bestehen große Bedenken darüber bezüglich Privatsphäre, Missbrauch und die Aussicht, dieses ehrgeizige Projekt aufrecht zu erhalten.

Augenchirurgen waren die ersten, die darauf aufmerksam machten, dass die Irismerkmale sich zur Identifizierung von Personen eignen. Sie stuften sie als wesentlich exakter als Fingerabdrücke ein. Geräte zur Iriserkennung verwenden Nahinfrarotwellen zur Visualisierung von Chromophor oder Melaninpigmenten. Die starke Pigmentierung der Iris entsteht durch zwei Melanintypen – Eumelanin und Pheomelanin. Sie regeln, wie viel Licht durch die Pupille ins Auge fällt, und werden durch das vegetative Nervensystem gesteuert. Die Iris setzt sich aus verschiedenen Gewebearten zusammen, wie den Strahlenkranz, Pupillenrand oder Krypten, die miteinander verbunden sind. Wie bei den Fingerabdrücken gibt es auch bei der Iris hochvariable Minutien. Der Iris wird eine zufällige oder sogar chaotische Struktur nachgesagt. Mithilfe mathematischer Algorithmen und spezieller Transformationen können Iriserkennungen zur Identifizierung eingesetzt werden. Die Iriserkennung gilt an sich als sichere Biometrie, allerdings haben Nachforschungen ergeben, dass die Erkennungssysteme durch minimalen technischen Einsatz getäuscht werden können. Fehler lassen sich nur durch Verwendung von lebendem Gewebe vermeiden.

VERWANDTE THEMEN
Siehe auch
FINGERABDRÜCKE
Seite 38

ANATOMISCHE IDENTIFIZIERUNG
Seite 40

GANGANALYSE
Seite 44

3-SEKUNDEN-BIOGRAFIE
JOHN DAUGMAN
1954–
British-amerikanischer Professor für Computervision und Mustererkennung an der Universität von Cambridge, Großbritannien. Erfinder des Iris-Codes, einem der ersten Algorithmen für biometrische Systeme zur Iriserkennung.

3-SEKUNDEN-TEXT
Sue Black

Die komplexen und stabilen Muster der Iris sind effektive Mittel zur biometrischen Identifizierung durch automatisiertes Scannen.

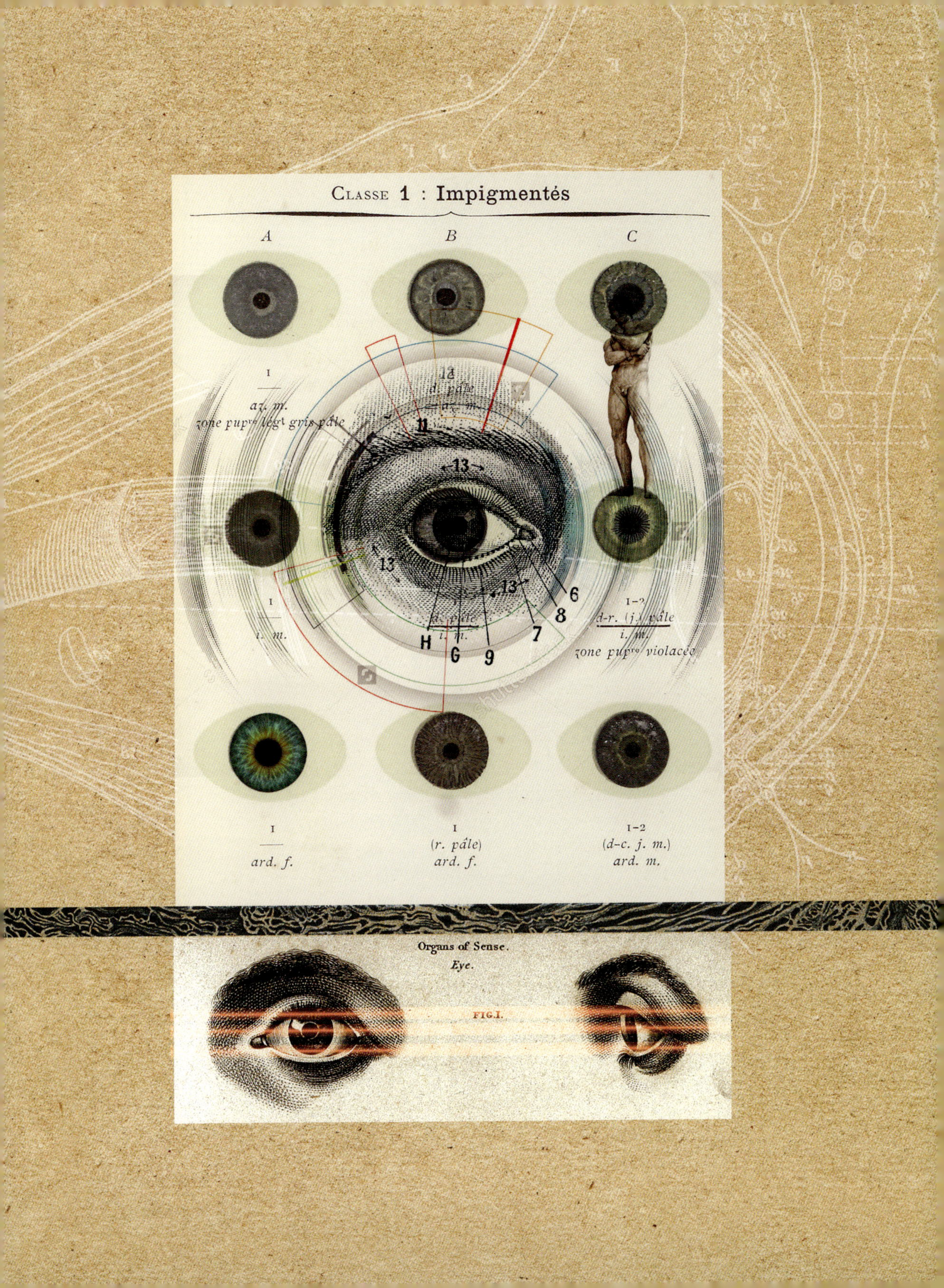
CLASSE 1 : Impigmentés
A
B
C
I
az. m.
zone pupre légt gris pâle
I-2
d-r. (j.) pâle
i. m.
zone pupre violacée
I
ard. f.
I
(r. pâle)
ard. f.
I-2
(d-c. j. m.)
ard. m.
Organs of Sense.
Eye.
FIG.I.

HANDSCHRIFTEN-ANALYSE

30-Sekunden-Drehbuch

Normalerweise lernen wir als Kinder in der Schule, wie man schreibt. Im Verlauf der Zeit haben sich die Schulschriften verändert. Es dauert Jahre, bis eine Handschrift ausreichend ausgereift ist, um ein erwachsenes Schriftbild zu ergeben. Durch individuelle Lernerfahrungen und unterschiedliche Fähigkeiten entwickelt jede Person ihre einzigartige Handschrift, die sich von Zeit zu Zeit in einem natürlichen Prozess verändern kann. Alle Elemente der Handschrift sind entscheidend: Buchstaben, Zahlen und andere Symbole. Unterschriften wiederum sind eine ganz andere Sache, weil sie nicht erlernt werden und keinen Konventionen entsprechen müssen, sie brauchen noch nicht einmal lesbar zu sein. Relevante Merkmale der Handschrift werden häufig in der Vergrößerung untersucht und umfassen die Form und die Struktur von Buchstaben (einige kommen häufiger vor als andere), die Schreibrichtung (oft ein Hinweis auf Rechts- oder Linkshändigkeit) und den Schwung (zeigt, wie gut der Schreiber den Stift führen kann). Handschriften können absichtlich verstellt werden, entweder um die eigene zu vertuschen oder um eine andere zu kopieren (besonders bei der Fälschung von Unterschriften). Dies führt häufig zu einem minderwertigen Ergebnis. Die Qualität der Handschrift lässt im Alter oder bei bestimmten Krankheitsbilder, zum Beispiel bei Parkinson, nach.

3-SEKUNDEN-INDIZ

Die forensische Analyse von Handschriften (einer Unterdisziplin der forensischen Dokumentenanalyse) dient der Feststellung des Autors einer Handschrift, auch von Unterschriften. Sie befasst sich nicht mit dem Charakter einer Person.

3-MINUTEN-BEWEIS

Oft hängt es von der Menge an verfügbarem Textmaterial oder vom Schreibfluss ab, wie sicher der Analytiker die Identität eines Autors bestimmen kann. In dem berühmten Entführungsfall von Charles Lindbergh Jr. im Jahr 1932 gab es eine schriftliche Lösegeldforderung über 50 000 $, obwohl das Baby tragischerweise bereits zu Tode gekommen war. Über die Handschrift wurde Bruno Hauptmann identifiziert, der später verurteilt und hingerichtet wurde.

VERWANDTE THEMEN

Siehe auch
FRAGLICHE DOKUMENTE
Seite 86

SACHVERSTÄNDIGER
Seite 138

ZULÄSSIGKEIT
Seite 142

RECHTSGÜLTIGKEIT
Seite 140

3-SEKUNDEN-BIOGRAFIE

ALBERT S. OSBORN
1858–1946
Amerikanischer Pionier und Autor eines frühen Werks über fragliche Dokumente (1910).

ORDWAY HILTON
1913–1998
Amerikanischer Statistiker und Autor von „Scientific Examination of Questioned Documents" (1956), einer der beachtesten Abhandlungen in diesem Bereich.

3-SEKUNDEN-TEXT

Mike Allen

Speziell programmierte Computer helfen bei der Handschriftenanalyse, aber ein Mensch beurteilt das Ergebnis.

Client Brief
Account Services
Creative Teams
Production Estimate
Production Estimates acceptance
Printing Costs
Save type as
HTML
Head
Body

SPUREN

SPUREN
GLOSSAR

Amylase Enzym zur Umwandlung von Stärke in Zucker, Vorkommen ist Indiz auf Speichel in einer Probe.

Anilin Organische Verbindung, wird bei der Herstellung von Industriechemikalien verwendet.

Beweiswert Ob ein Beweis wichtig für eine Verhandlung ist oder nicht.

Brechungsindex Beschreibt die Brechung des Lichts beim Übergang von einem Medium zu einem anderen.

Chemolumineszenz Licht, das aufgrund einer chemischen Reaktion entsteht.

Chinin Ein Heilmittel gegen unter anderem Malaria.

DNA-Profiling Die Entwicklung eines DNA-Profils zur Identifizierung eines Menschen als Teil forensischer Ermittlungen.

falsch positiv Wenn ein Test ergibt, dass ein bestimmter Stoff enthalten ist, dies aber nicht stimmt.

Hämoglobin Protein in den roten Blutkörperchen, das Sauerstoff transportiert.

Leuko-Malachitgrün Wechselt bei Kontakt mit Blut seine Farbe zu grünblau.

Luminol Eine Chemikalie, die blau leuchtet, wenn sie mit Blut oder einigen anderen Substanzen in Berührung kommt.

Medulla Das Innerste eines Haares mit der größten forensischen Bedeutung, denn es kann für einen DNA-Abgleich verwendet werden.

Massenkriminalität Verbrechensart, die häufig vorkommt oder viele Menschen betrifft, wie Autodiebstahl.

Mikroskopie Die Vergrößerung von mit bloßem Auge nicht erkennbaren Material mittels eines Mikroskops.

Polarisationsmikroskop Lichtmikroskop, mit dem Strukturen von Materialien untersucht werden.

präsumtiver Test Ein Test zum Nachweis einer bestimmten Chemikalie in einer Probe.

Rasterelektronenmikroskop Mikroskop, das mithilfe eines Elektronenstrahls ein Bild entstehen lässt.

Saure Phosphatase-Test Chemischer Test zur Bestimmung von saurer Phosphatase in einer Probe als Hinweis auf Sperma.

Spurenmaterial Kleinste Materialmengen, mit bloßem Augen kaum erkennbar, bleiben nach dem Kontakt zwischen Objekten und Menschen zurück.

GLAS

30-Sekunden-Drehbuch

3-SEKUNDEN-INDIZ
Glas ist in unserer Gesellschaft allgegenwärtig und spielt in allen möglichen kriminellen Aktivitäten eine Rolle, meist in der Massenkriminalität.

3-MINUTEN-BEWEIS
Vor Gericht wird die Glasanalyse häufig herangezogen, allerdings ist ihr Beweiswert nicht immer sehr hoch. Schätzungen nach finden sich auf der Kleidung oder den Schuhen jedes zwölften Menschen Glasspuren aus unserem Alltagsleben, oft sogar von verschiedenen Glasarten. Der Beweiswert liegt eher darin, eine mögliche Verbindung zu einem Verbrechen herzustellen oder diese zu bestätigen. Ganz sicher ist ein Glasbeweis nur selten.

Die spezifischen Eigenschaften von Glas bestimmen, auf welche Art es zerbricht. Wird seine Struktur verändert, etwa um es zu verstärken, hat das auch eine Wirkung auf die Brechweise. Bricht Glas, zum Beispiel ein Fenster, können dabei kleinste Splitter auf der Kleidung desjenigen, der es zerbrach, hängen bleiben. Werden sie dort entdeckt, können sie analysiert werden. Üblicherweise werden physikalische und chemische Eigenschaften gemessen: Die Farbe und die Wölbung des Glases wird bestimmt, ob es flach wie Fensterglas oder gewölbt wie Flaschenglas ist. Der wichtigste Vergleich zwischen Glas vom Tatort und sichergestelltem Glas ist das Messen des Brechungsindex. Der ist bei den Glastypen (Fenster- oder Autoglas, Behälter) unterschiedlich, es gibt aber auch Überschneidungen. Manchmal wird das Glas einer Elementaranalyse unterzogen, aber auch hierbei ist es hinderlich, dass Merkmale verschiedener Glastypen sich überlappen. Das bedeutet, dass zwar die Glasart über einen Splitter bestimmt werden kann, aber die genaue Herkunft lässt sich nicht feststellen, es sei denn, die Quelle lässt sich wie ein Puzzle zusammensetzen.

VERWANDTE THEMEN
Siehe auch
BEWEISMITTELAUSWERTUNG
Seite 148

3-SEKUNDEN-BIOGRAFIE
JABIR IBN HAYYAN
ca. 721–ca. 815
Persischer Alchemist, Chemiker und Universalgelehrter, der 46 Rezepte für buntes Glas in seinem Buch *Kitab al-Durra al-Maknuna* aufführte.

IRVING WIGHTMAN COLBURN
1861–1917
Amerikanischer Erfinder, entwickelte eine Methode zur Herstellung von flachen Glasscheiben, was die Massenanfertigung von Fensterglas initiierte.

3-SEKUNDEN-TEXT
Niamh Nic Daéid

Glassplitter an Kleidung, Haaren oder Schuhen geben Hinweise auf eine mögliche Verbindung zu einem Verbrechen oder einem Verkehrsunfall.

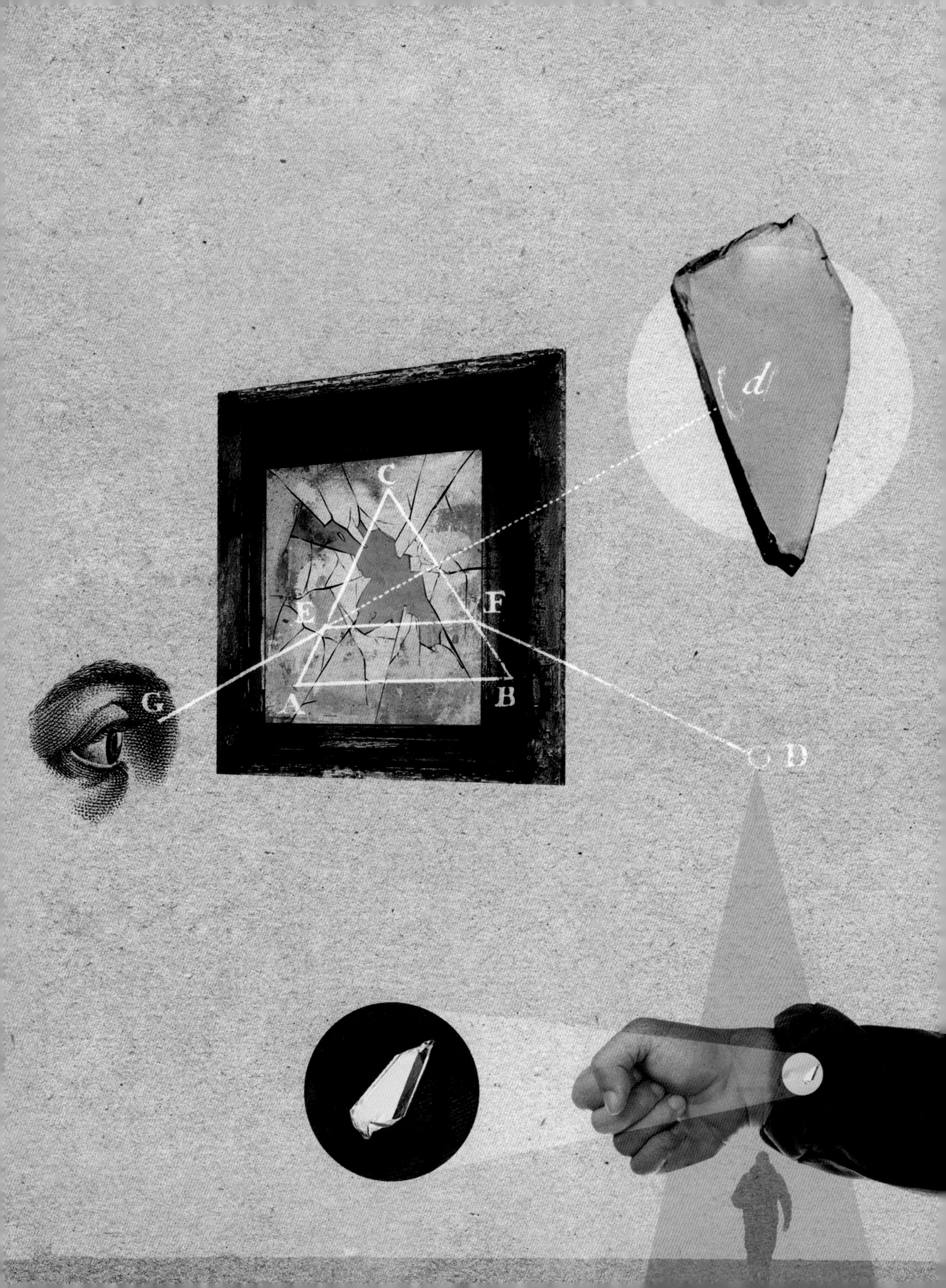
C
E
F
G
A
B
D
d

HAARE

30-Sekunden-Drehbuch

Haare zählen zu den häufigen Funden an Tatorten, da Menschen ungefähr 100 Haare am Tag verlieren. Zuerst wird nachgesehen, ob es sich um menschliche Haare handelt und von welchem Körperteil sie stammen. Kopfhaare kommen öfter an Tatorten vor als zum Beispiel Schamhaare, die auf ein sexuell motiviertes Verbrechen schließen lassen. Anhand ihrer mikroskopischen Merkmale werden diese beiden Haartypen unterschieden. Haare bestehen aus drei Schichten, wie bei allen Säugetieren. Außen ist die Cuticula, sie besteht gewöhnlich aus einer Zellschicht, die sich um den pigmentierten Cortex herumlegt, der wiederum die Medulla umgibt, die innerste Schicht des Haarschafts. Menschliches Haar unterscheidet sich von dem Haar anderer Säugetiere durch die Cuticula-Struktur. Außerdem bleiben Menschenhaare gleich dick und laufen nicht spitz zu. Die Medulla misst mehr als ein Drittel des gesamten Durchmessers des Haars. Im Vergleich wird nicht nur nach der menschlichen oder tierischen Herkunft geforscht, sondern auch, ob es eine Verbindung zwischen einem Verdächtigen und dem Tatort gibt. Für den Abgleich sind Proben des Verdächtigen nötig, denn die Beschaffenheit ist an den verschiedenen Stellen auf dem Kopf unterschiedlich, so können die Schläfenhaare viel feiner sein als die am Scheitel.

3-SEKUNDEN-INDIZ

Für den forensischen Haarvergleich benötigt man eine Auswahl repräsentativer Haarproben einer Person. Der Vergleich erfolgt entweder unter dem Mikroskop oder per DNS-Bestimmung.

3-MINUTEN-BEWEIS

Zwischen zwei Menschen, beispielsweise Opfer und Angreifer, kommt es leicht zum Austausch von Haaren. Mit der Mikroskopie verfügt man über einen einfachen, nichtzerstörenden Haarvergleichstest, mit dem sich Verdächtige schnell ausschließen lassen, wenn ihnen die gefundenen Haare nicht zugeordnet werden können. Dann werden keine weiteren Tests benötigt. Gibt es Ähnlichkeiten zwischen den Haarproben, wird als nächstes ein DNA-Test durchgeführt, der zu sicheren Ergebnissen führt. Dazu verwendet man die Haarwurzeln.

VERWANDTE THEMEN

Siehe auch
DNA-PROFILING
Seite 36

ANALYSE DER STABILEN ISOTOPE
Seite 114

3-SEKUNDEN-BIOGRAFIE

PAUL KIRK
1902–1970
Amerikanischer Chemiker, Autor von *Human Hair Studies* (1940), Mikroskopie-Spezialist, beschrieb die Prozesse in der forensischen Wissenschaft als identifizierend und individualisierend.

3-SEKUNDEN-TEXT

Adrian Linacre

Aus einer einzigen Haarsträhne ziehen Forensiker eine Vielzahl an Informationen. Länge, Farbe und Glätte sind makroskopische Merkmale. Die DNA-Analyse der Medulla zeigt, ob die Proben übereinstimmen.

FASERN

30-Sekunden-Drehbuch

Textilfasern können sowohl natürlichen Ursprungs als auch künstlich hergestellt sein. Oder auch irgendetwas dazwischen. Fasern werden mit Leichtigkeit von einer Oberfläche zur anderen übertragen, abhängig jedoch von der Art der Faser, der Oberfläche, auf der sie landet (beispielsweise ein anderes Gewebe) und der Art der übertragenden Aktivität (sitzen, kämpfen). Die forensische Untersuchung beginnt mit der Sicherstellung der Faser, wozu üblicherweise Klebeband verwendet wird, um alle losen Fasern aufzunehmen. Die interessanten Fasern werden vom Klebeband abgezupft. Mit einem Polarisationsmikroskop wird die Art bestimmt (Baumwolle, Nylon, Polyester o. ä.). Danach werden die Fasern mit solchen aus bekannter Herkunft, etwa von der Kleidung des Opfers, verglichen. Und schon steht fest, ob es sich um denselben Typ handelt. Handelt es sich um gefärbte Fasern, so kann die Farbe mit Lösungsmitteln herausgezogen und mit der Farbe aus den Referenzfasern verglichen werden. Weil Kleidung und Textilien Massenprodukte sind, muss die Interpretation des Faservergleichs mit Umsicht bewertet werden. Es gibt Datenbanken mit Informationen zum Beispiel darüber, wie verbreitet eine Faser ist. Auch Wechsel in der Mode und Saisonkleidung müssen in Erwägung gezogen werden, um die Beweiskraft zu bewerten.

3-SEKUNDEN-INDIZ
Textilfasern sind die Materialien, die im Zusammenhang mit Verbrechen am häufigsten vorkommen. Sie werden in vielen Variationen häufig als Beweise vor Gericht herangezogen.

3-MINUTEN-BEWEIS
Der Faservergleich gilt als wichtiger unterstützender Beweis, mithilfe dessen man Verbindungen zwischen Menschen und Orten nachweisen oder ausschließen kann. Bei einigen hochrangigen Mordfällen in Großbritannien spielten Fasern eine wichtige Rolle, wie im Sarah Payne-Fall im Jahr 2001, bei den Morden an Jessica Chapman und Holly Wells 2003 und der Ermordung von sechs Frauen (Gemma Adams, Tania Nicol, Anneli Alderton, Paula Clennell and Annette Nicholls) in Suffolk im Jahr 2008.

VERWANDTE THEMEN
Siehe auch
FARBSTOFFE UND PIGMENTE
Seite 70

BEWEISMITTELAUSWERTUNG
Seite 148

3-SEKUNDEN-BIOGRAFIE
MIKE GRIEVE
1942–2002
Englischer Forensiker, baute die Faserabteilung der britischen Metropolitan Police in den 1960ern auf, 2003 folgte die europäische Abteilung. Viele Jahre war er einer der führenden Wissenschaftler im Bereich der forensischen Faserforschung.

3-SEKUNDEN-TEXT
Niamh Nic Daéid

Wie mit Haaren wird auch häufig an Fasern getestet, ob es eine Verbindung zwischen Verdächtigen und Opfern oder Tatorten gibt.

1877
geboren in Saint-Chamond, Frankreich

1902
schließt Medizinstudium in Lyon, Frankreich, ab

1907
beendet Jurastudium und wird Gerichtsanwalt

1908
geht nach Paris für Studien bei dem französischen Kriminologen Alphonse Bertillon

1910
gründet ein Kriminallabor in Lyon

1912
Anerkennung der Lyoner Polizei macht das Labor zum ersten Polizei-Kriminalitätslabor der Welt

1929
gründet die Internationale Akademie für Kriminalistik in Lausanne, Schweiz

1931–35
sein siebenbändiges Werk *Traité de Criminalistique* erscheint

1966
stirbt 88-jährig in Lyon

2012
Wird in die französische forensische Ruhmeshalle der Association Québécoise de Criminalistique aufgenommen

EDMOND LOCARD

Edmond Locard gilt als einer der Väter der forensischen Wissenschaften. Er war universal gebildet und fest verwurzelt in der Naturwissenschaft, der Medizin, der Kunst und der Rechtswissenschaft. Ihm war es wichtig, dass Gegenstände an und von Tatorten sehr genau untersucht wurden. Er brachte der Lyoner Polizei sein Anliegen mit der Bitte vor, im Dachboden des Gerichtsgebäudes ein Labor zur Sammlung und Untersuchung dieser Beweismittel einrichten zu dürfen. Nur zwei Jahre später – 1912 – wurde sein Labor als erstes Polizei-Kriminalitätslabor der Welt anerkannt und brachte ihm international Achtung und Bewunderung ein.

Locards Methode, Fingerabdrücke speziell nach den Abdrücken, die die Poren der Finger hinterlassen, zu analysieren, wird immer noch sehr geschätzt. Locard entwickelte die Untersuchung, den Vergleich und die Interpretation von Fingerabdrücken über ein simples Vergleichen hinaus weiter, weil er Minutien wie die papillaren Bergrücken mit einbezog. Sein wahrscheinlich wichtigster Beitrag zur forensischen Wissenschaft sind seine Prinzipien, die seine Philosophie der Bewertung und Interpretation von Beweismaterial untermauern. Über alles andere stellte Locard, dass jede Handlung eines Individuums und insbesondere die gewalttätige Handlung einer Straftat zu einer Spurenübertragung führt. Verkürzt wurde dieser Satz zu „Jeder Kontakt hinterlässt Spuren" und ist bekannt als Locards Grundsatz des Austausches. Einfacher ausgedrückt bedeutet dies, dass zwei Dinge, die sich berühren, Materialien austauschen. Dies kann einseitig geschehen, von einem auf das andere, oder wechselseitig, so dass jeder etwas vom anderen erhält. Locards Austauschprinzip ist zum Eckpfeiler der Kriminalistik geworden und bekräftigt die enorme Bedeutung des Beweismaterials, das an Tatorten, von Opfern und verdächtigen Personen gesammelt wird. Der Stellenwert, der die Interpretation und Bewertung von Spuren innerhalb einer bestimmten Situation oder vermuteten Tat für den heutigen Experten hat, ist gravierend und zentral. Noch fehlen uns die Studien zum Austausch, Verbleib und Bergung vieler Beweisarten, um Locards Austauschprinzip voll und ganz beurteilen zu können. Sein Vermächtnis an uns ist die Erkenntnis, wie wichtig es ist, so lange weiterzuforschen, bis die Beobachtung „Jeder Kontakt hinterlässt Spuren" umfassend und wirkungsvoll bei der Lösung von Kriminalfällen eingesetzt werden kann.

Niamh Nic Daéid

FARBE

30-Sekunden-Drehbuch

Farbe finden wir fast überall, in privaten wie in gewerblichen Gebäuden und auf Fahrzeugen. Zwar sind diese Farben ihrem Einsatz gemäß unterschiedlich, aber fast immer trifft man auf viele Schichten Farbe. Farbe setzt sich aus verschiedenen Komponenten zusammen, jede mit spezifischen Funktionen. Darunter sind Pigmente als Farbgeber, Bindemittel, die die Komponenten zusammenhalten, Lösungsmittel als Träger der Pigmente sowie der Bindemittel und schließlich Additive für bestimmte Qualitäten wie bessere Streichfähigkeit der Farbe. In der Forensik tritt Farbe gewöhnlich als vielschichtiges Fragment oder kleine Abblätterung auf, sie kann von Kleidung, Fahrzeugen oder Werkzeugen (Schraubenzieher) stammen. Die gefundene Farbe wird mikroskopisch untersucht, um herauszufinden, aus wie vielen Schichten sie besteht. Dann wird sie mit bereits vorhandener Farbe von einem Tatort oder einer Unfallstelle verglichen. Gibt es Übereinstimmungen bei den Schichten bezüglich ihrer Dicke, Farbe und Reihenfolge, so wird die chemische Zusammensetzung der Farbschichten untersucht. Jede Schicht für sich ist eine eigene Mixtur.

3-SEKUNDEN-INDIZ
Farbspuren werden oft nach Verkehrsunfällen oder Einbrüchen genommen und dienen häufig als Beweismittel.

3-MINUTEN-BEWEIS
Legt ein Sachverständiger bei Gericht Farbe als Beweismittel vor, beschreibt er ihre Art und die Anzahl ihrer Schichten. Farbe kann übertragen werden, wenn eine farbtragende Oberfläche zerstört wird, zum Beispiel bei Autokollisionen, oder wenn sie abgekratzt wird, wie bei einem Einbruch, bei dem ein Fenster gewaltsam geöffnet wird. Bei einer wechselseitigen Übertragung ist die Farbe ein starker Beweis für die Interaktion der Oberflächen.

VERWANDTE THEMEN
Siehe auch
FARBSTOFFE UND PIGMENTE
Seite 70

BEWEISMITTELAUSWERTUNG
Seite 148

3-SEKUNDEN-BIOGRAFIE
ALBERT HENRY MUNSELL
1858–1918
Amerikanischer Maler und Kunstlehrer, Erfinder des Munsell-Farbsystems, das noch heute eingesetzt wird, um Farben numerisch zu codieren und ihre Beschaffenheit zu beschreiben.

3-SEKUNDEN-TEXT
Niamh Nic Daéid

Nach einer Kollision können Experten der Farbanalyse unter Umständen nur anhand kleinster Farbstückchen den Hersteller, das Modell und sogar das Produktionsjahr eines Autos herausfinden.

KÖRPERFLÜSSIG-KEITEN

30-Sekunden-Drehbuch

3-SEKUNDEN-INDIZ
Werden im Verlauf einer forensischen Ermittlung Körperflüssigkeiten gefunden, führt man zunächst einige präsumtive Test durch.

3-MINUTEN-BEWEIS
Ein DNA-Profil ist eine ausgezeichnete Methode, um festzustellen, von wem die Probe stammt. Wenn allerdings nicht bekannt ist, um welche Körperflüssigkeit es sich handelt, sind die Beweismöglichkeiten eingeschränkt. Kann die Körperflüssigkeit einer Person zugeordnet werden, kann auch bestimmt werden, wie und wann sie übertragen wurde. Die hier beschriebenen Tests können auch Mischungen analysieren, zum Beispiel aus Blut und Sperma.

Die wesentlichsten Körperflüssigkeiten sind Blut, Sperma und Speichel. Ist nicht bekannt, um welche Körperflüssigkeit es sich bei einer Probe handelt, ist eine DNA-Untersuchung nicht wirklich informativ, aber sie stellt eine mögliche Verbindung zu dem Spender her. Körperflüssigkeiten gehen durch eine ganze Reihe von Tests. Blut wird einem Farbtest unterzogen, der auf Hämoglobin reagiert. Der Malachitgrün-Test reagiert auf die Hämgruppe in roten Blutkörperchen, indem er sich von farblos zu hellblau wandelt. Ein anderer Test geschieht mittels der Chemikalie Luminol, die leuchtet, wenn sie mit Blut zusammenkommt. Zwar ist Luminol hochempfindlich, dennoch muss der Test in annähernder Dunkelheit gemacht werden. Durch vorhandene andere Chemikalien wie Peroxide können falsche Positiv-Ergebnisse erzielt werden, so dass bei der Bewertung Vorsicht vonnöten ist. Spermaspuren können mit saurer Phosphatase nachgewiesen werden, die sehr schnell reagiert. Ist Amylase in der Probe enthalten, ist sie ein Indiz für Speichel. Amylase kommt nur vereinzelt im Körper vor, zum Beispiel in den Pankreassäften. Anders als Blut- und Spermatests braucht dieser Test mindestens 30 Minuten bis zu seinen Resultaten.

VERWANDTE THEMEN
Siehe auch
DNA-PROFILING
Seite 36

BLUT
Seite 82

3-SEKUNDEN-BIOGRAFIE
KARL LANDSTEINER
1868–1943
Österreichischer Biologe, Physiker und Immunologe, hat 1901 die Hauptblutgruppen klassifiziert (heute: AB0) und 1930 den Nobelpreis erhalten.

3-SEKUNDEN-TEXT
Adrian Linacre

Am Tatort setzen Ermittler Chemikalien ein, um Spuren von Körperflüssigkeiten zu finden. Seit 1939 ist Luminol dabei im Einsatz. Es ist so sensibel, dass es Blutspuren im Verdünnungsverhältnis von eins zu einer Million aufspürt.

SCHMAUCHSPUREN

30-Sekunden-Drehbuch

Um eine Schusswaffe abzufeuern, muss ein Schlagbolzen auf das Zündhütchen im Patronenboden treffen. Dadurch wird eine Kettenreaktion ausgelöst, die darin gipfelt, dass ein Projektil abgefeuert wird, gefolgt von heißen Gasen, verbrannten und unverbrannten Treibgasen, Metallresten und Spuren von Zündchemikalien. Das zusammen wird allgemein als Schmauch bezeichnet. Der Druck, der während des Abfeuerns erzeugt wird, treibt nicht nur den Schmauch durch den Lauf hindurch, sondern auch durch jede Ritze am Verschlusskopf (hält die Ladung in der Kammer). Dabei kann Schmauch am Schützen und der näheren Umgebung in Form feinster Partikel hängen bleiben. Wird ein Tatort, an dem eine Schusswaffe abgefeuert wurde, untersucht, sammeln und registrieren die Ermittler alle Schmauchspuren, da die dabei helfen können, die Entfernung zwischen Laufmündung und Ziel zu bestimmen. Eventuell ist sogar ein Abgleich mit sichergestellten Waffen, mit Kleidung oder sogar einem Verdächtigen möglich. Die Schmauchspuranalyse soll zeigen, ob ein Verdächtiger eine bestimmte Waffe abgefeuert hat. Sie basiert eher auf den Schmauchspuren des Zündhütchens und nicht auf dem verbrannten/nichtverbrannten Treibladungspulver. Dabei untersuchen die Fachleute die Komponenten des Zündhütchens – Blei (Pb), Antimon (Sb) und Barium (Ba) – und prüfen, welche enthalten sind.

3-SEKUNDEN-INDIZ
Schmauchspuren sind die ausgestoßene Mischung aus verbrannten und nicht verbrannten Treibgasen, metallischen Spuren und Bestandteilen des Zündhütchens, die beim Abfeuern einer Waffe entstehen.

3-MINUTEN-BEWEIS
Mit einem Rasterelektronenmikroskop bestimmt der Experte die Zusammensetzung von Schmauchspuren. Die hochauflösenden Vergrößerungen von winzigen Partikeln, die vielleicht nur zehn Mikrometer (µm) groß sind, können mit bloßem Augen nicht erkannt werden. Der Schmauchspurenbeweis ist nicht sehr stark, was an seiner mikroskopischen Natur liegt, und besteht vor Gericht nur selten vor dem Einwand physischer Störungen, rauer Witterungsbedingungen und persönlicher Hygiene.

VERWANDTE THEMEN
Siehe auch
SCHUSSWAFFENANALYSE UND BALLISTIK
Seite 78

SPRENGSTOFFE
Seite 94

3-SEKUNDEN-BIOGRAFIE
JEAN SAMUEL PAULY
1766–1821
Schweizer Büchsenmacher, der 1808 mit François Prélat die geschlossene Patronenhülse mit integriertem Zündhütchen entwickelt und patentieren ließ.

3-SEKUNDEN-TEXT
Grant Thomson

Das Abfeuern einer Waffe hinterlässt viele Hinweise, die die Umstände bei Tod oder Verletzung durch eine Waffe beweisen oder widerlegen können.

7 6 5 4 3 2 1
TRE 1 2 3 4 5 6 7 8 9 10 11 12
He Helium
Be Beryllium
Mg Magnesium
B Boron
C Carbon
N Nitrogen
O Oxygen
F Fluorine
Ne Neon
Al Aluminium
Si Silicon
P Phosphorus
S Sulfur
Cl Chlorine
Ar Argon
Ca Calcium
Sc Scandium
Ti Titanium
V Vanadium
Cr Chromium
Mn Manganese
Fe Iron
Co Cobalt
Ni Nickel
Cu Copper
Zn Zinc
Ga Gallium
Ge Germanium
51 Sb Antimony 121.760
Br Bromine
Kr Krypton
56 Ba Barium 137.327
Zr Zirconium
Nb Niobium
Mo Molybdenum
Tc Technetium
Ru Ruthenium
Rh Rhodium
Pd Palladium
Ag Silver
Cd Cadmium
82 Pb Lead 207.2
I Iodine
Xe Xenon
Hf Hafnium
Ta Tantalum
W Tungsten
Re Rhenium
Os Osmium
Ir Iridium
Pt Platinum
Au Gold
Hg Mercury
Bi Bismuth
Po Polonium
At Astatine
Rn Radon
Ra Radium
89 - 103 Actinoids
Rf Rutherfordium
Db Dubnium
Sg Seaborgium
Bh Bohrium
Hs Hassium
Mt Meitnerium
Ds Darmstadtium
Rg Roentgenium
Cn Copernicium
Nh Nihonium
Fl Flerovium
Mc Moscovium
Lv Livermorium
Ts Tennessine
Og Oganesson

FARBSTOFFE UND PIGMENTE

30-Sekunden-Drehbuch

Farbstoffe und -pigmente werden für gewöhnlich chemisch analysiert. Das erfordert das Wissen über die organische und Elementzusammensetzung der Farbstoffe oder Pigmente. Farbstoffe werden meist bei Textilstoffen eingesetzt, aber auch in Tinte. Die Palette der Farbstoffe ist enorm groß und umfasst auch pflanzliche Quellen wie Beeren, Rinde und Blätter, aber auch künstlich hergestellte Arten. Sie werden anhand ihrer chemischen Merkmale und ihrer Löslichkeit klassifiziert. Pigmente sind feste Teilchen, die einen bestimmten Anteil Licht absorbieren oder reflektieren. Sie sind im Anwendungsmedium unlöslich. Genau wie bei den Farbstoffen gibt es synthetische und natürliche Pigmente. Einige – zum Beispiel Ocker und Eisenoxide – dienen seit Urzeiten zur Einfärbung. Sie werden für Tinte, Kosmetika, Stoffe und Farbe verwendet. Farbstoffe sind in vielen präsumtiven Materialtests wichtig, wie bei Sprengstoffen, Drogen und Körperflüssigkeiten. Auch kommen sie in vielen chemischen Prozessen der Fingerabdruckanalyse vor. In der forensischen Untersuchung werden Farbstoffe und Pigmente aus einer vorliegenden Probe extrahiert – von Lippenstift beispielsweise oder von Kleidung – und mit einem Auszug aus einer bestimmten anderen Probe verglichen, um nach einer möglichen Verbindung zu suchen.

3-SEKUNDEN-INDIZ
Farbstoffe und Pigmente kommen in vielen forensischen Beweismitteln vor, wie Tinte, Farben und Fasern.

3-MINUTEN-BEWEIS
Die Chemie der verschiedenen Farbstoffe und Pigmente ist bei einer Anzahl von forensischen Beweismitteltypen bedeutend. Das schließt Spuren (wie Fasern und Farben) sowie die Beweismittel ein, bei denen Farbe eine Rolle spielt: Schreib- und Tätowiertinte, einige Drogen oder Treibstoffe, denen Farbstoffe oder Pigmente zugesetzt wurden.

VERWANDTE THEMEN
Siehe auch
FASERN
Seite 60

FARBE
Seite 64

DOKUMENTENANALYSE
Seite 86

3-SEKUNDEN-BIOGRAFIE
WILLIAM HENRY PERKIN
1838–1907
Englischer Chemiker, entdeckte den ersten Anilinfarbstoff mit 18, als er nach synthetischem Chinin suchte.

3-SEKUNDEN-TEXT
Niamh Nic Daéid

Die Analyse von Farbstoffen und Pigmenten in Beweismitteln kann den Verdacht gegen eine Person erhärten oder entkräften.

PHYSIKALISCHE UND CHEMISCHE ANALYSE

PHYSIKALISCHE UND CHEMISCHE ANALYSE
GLOSSAR

Aufnahmeweg Der Weg, auf dem Stoffe in den Körper gelangen. Gifte können eingeatmet, injiziert, absorbiert oder aufgenommen werden.

Austauschprinzip Die Annahme, dass bei jedem Kontakt zwischen zwei Menschen oder zwischen einem Menschen und einem Gegenstand ein Materialaustausch stattfindet. Das Prinzip stammt von Edmond Locard (siehe Seite 63).

Bestätigungstest Beweis, dass eine bestimmte Chemikalie in einer Probe oder einem Materialmix vorkommt. Häufig werden zwei voneinander unabhängige und unterschiedliche Bestätigungstest durchgeführt, um ein zweifelsfreies Restultat zu erzielen. Dieses Verfahren nennt man Bestätigung.

Biotransformation Die Umwandlung eines Stoffes im Körper. Ein Beispiel ist der Arzneimittel- oder Giftstoffwechsel. Dabei werden die Moleküle in wasserlöslichere umgewandelt, damit sie als Urin oder Fäkalien aus dem Körper ausgeschieden werden können. Die Biotransformation findet zum größten Teil in der Leber statt, aber auch Darm und Nieren können beteiligt sein.

Chromatografie Bezeichnet ein Verfahren zur Separierung einzelner chemischer Moleküle anhand ihrer Eigenschaften aus einer Mischung wie den Drogen Ecstasy oder Heroin (siehe Seite 90). Anschließend lässt sich die Identität der chemischen Moleküle mittels eines einfachen Farbtests oder durch Verwendung von Geräten – den Detektoren – feststellen. Diese suchen nach speziellen Eigenschaften des Moleküls (seine Masse oder die Licht- und Energieabsorbierung etc.). Die Testergebnisse der separierten Moleküle werden anschließend mit einer Referenzprobe verglichen, deren Herkunft bekannt ist und die schon den Test durch Chromatografie und Detektor durchlaufen hat. Die Identität der Bestandteile kann danach durch ein Massenspektrometer festgestellt werden.

Frye-Standard Richtlinie zur Zulässigkeit, die in einigen amerikanischen Gerichten erforderlich ist, die eine allgemeine Anerkennung der Verlässlichkeit der bestimmten Technik durch die wissenschaftliche Gemeinde benötigen.

glatter und gezogener Lauf Bezeichnung für verschiedene Lauftypen von Schusswaffen. In glatten Läufen entsteht keinen Drall, in gezogenen Läufen sind Kerben. Siehe dazu gyroskopischer Effekt.

Gyroskopischer Effekt Die Rotation des Projektils nach dem Abschuss.

Klassenmerkmale Spuren eines bestimmten Typs oder „Klasse" von Geräten, zum Beispiel einer Säge, einem Messer oder einem Schraubenzieher im Unterschied zu den Spuren eines speziellen Werkzeuge.

Massenspektrometer Ein Gerät zur Brechung chemischer Moleküle in kleinere Teile mit charakteristischem Muster, um so die Moleküle identifizieren zu können.

Modus Operandi Lateinischer Ausdruck für die Art und Weise, etwas zu erledigen. Wird häufig benutzt, um die Machenschaften eines Kriminellen zu beschreiben.

Neue psychoaktive Substanzen (NPS) Allgemeiner Begriff für synthetische chemische Moleküle, die Drogengesetze umgehen sollen. NPS kennt man auch unter den Bezeichnungen Designerdrogen, Legal Highs, Badesalzdrogen und Research Chemicals genannt. Es handelt sich hierbei um Rauschgifte außerhalb internationaler Drogengesetzgebung, die aber eine öffentliche Gesundheitsgefährdung darstellen können. „Neu" bezieht sich dabei nicht auf das Alter der Substanzen – einige NPS stammen aus den 1970er Jahren –, sondern auf Substanzen, die erst kürzlich auf dem illegalen Drogenmarkt erschienen sind.

Präsumtiver Test Ein Eingangstest, der in einer Substanz bestimmte chemische Komponenten oder bestimmte chemische Verbindungen oder Atome nachweist. Solche Tests sind meist äußerst sensibel (entdecken winzige Mengen), können aber auch unspezifisch sein (falsche positive Ergebnisse erzielen). Werden Drogen getestet, kann bei einem präsumtiven Test herauskommen, dass eine unbekannte Substanz zu einer bestimmten Drogenfamilie gehört, aber nicht, um welche Droge es sich genau handelt. Ein Bestätigungstest wird in solch einem Fall durchgeführt.

selbst gebaute/improvisierte Sprengkörper Sprengkörper, die mit handelsüblichen und/oder gebräuchlichen Chemikalien oder anderen Materialien gebaut werden.

Streiflicht Auch Schräglicht genannt, fällt winkelig auf eine Oberfläche, wird beim Fotografieren von Eindrücken, Fingerabdrücken und Werkzeugspuren eingesetzt.

WERKZEUGSPUREN

30-Sekunden-Drehbuch

3-SEKUNDEN-INDIZ
Die forensische Analyse von Werkzeugspuren vergleicht Eigenschaften von bei Verdächtigen gefundenen Werkzeugen mit denen vom Tatort.

3-MINUTEN-BEWEIS
Ist die Werkzeugklasse bestimmt, hilft dies Wissen den Ermittlern sehr, besonders in Fällen, in denen ein *Modus Operandi* erkannt wurde. So sind Werkzeuge anderer Klassen bei einem bestimmten Verbrechen ausgeschlossen. Werden etwa bei einer Einbruchsserie Spuren eines Schlitzschraubenziehers gefunden, sind Untersuchungen an Kreuzschlitzschraubenziehern überflüssig.

Ein Werkzeug ist ein handbetriebenes oder elektrisches Gerät, dem eine bestimmte Funktion zugeordnet ist. Ob nun geplant oder improvisiert, Werkzeuge spielen bei der Ausführung von Verbrechen sehr häufig eine Rolle. Mit ihnen verschafft man sich Zutritt zu einem verschlossenen Ort, mit ihnen werden Schlösser geknackt oder Türen aufgehebelt. Seltener werden sie dazu verwendet, eine Leiche zu verstümmeln. Trifft das harte Material des Werkzeugs auf ein weicheres Material, wie zum Beispiel einen Fensterrahmen, dann hinterlässt es dort Druck-, Streif-, oder andere Spuren. Werkzeugspuren entstehen durch Druck, Lateralkraft und Bewegung (dynamisch), Schneiden oder durch wiederholtes Schlagen. Werkzeugspuren können verraten, welche Art Werkzeug gesucht werden soll und wie groß es ist (Klassenmerkmale), sie zeigen zufällige Herstellungsauffälligkeiten (Unterklasse) und willkürliche Schäden auf, einschließlich Unfallfolgen (individuelle Merkmale). Werkzeugspuren werden am Tatort möglichst vollständig aufgenommen. Durch Makroaufnahmen im Verhältnis 1:1 ist die tatsächliche Größe der Spuren bekannt. Außerdem werden Silikonkautschukabdrücke der Spuren angefertigt. Werkzeuge von Verdächtigen werden dann direkt mit den Spuren vom Tatort verglichen.

VERWANDTE THEMEN
Siehe auch
VERSTÜMMELUNG
Seite 30

EDMOND LOCARD
Seite 62

FARBE
Seite 64

SCHUSSWAFFENANALYSE UND BALLISTIK
Seite 78

3-SEKUNDEN-BIOGRAFIE
HANS GROSS
1847–1915
Österreichischer Juraprofessor und Richter, Verfasser des *Handbuchs für Untersuchungsrichter als System der Kriminalistik* (1891), das sich mit der Aufnahme und Erstellung von Abdrücken von Werkzeugspuren beschäftigt, aber auch die Bedeutung ihrer mikroskopischen Untersuchung betont.

3-SEKUNDEN-TEXT
Grant Thomson

Werkzeuge sind genau wie Waffen in Klassen eingeteilt und besitzen individuelle Merkmale, die ihre Spuren dort hinterlassen, wo sie eingesetzt werden.

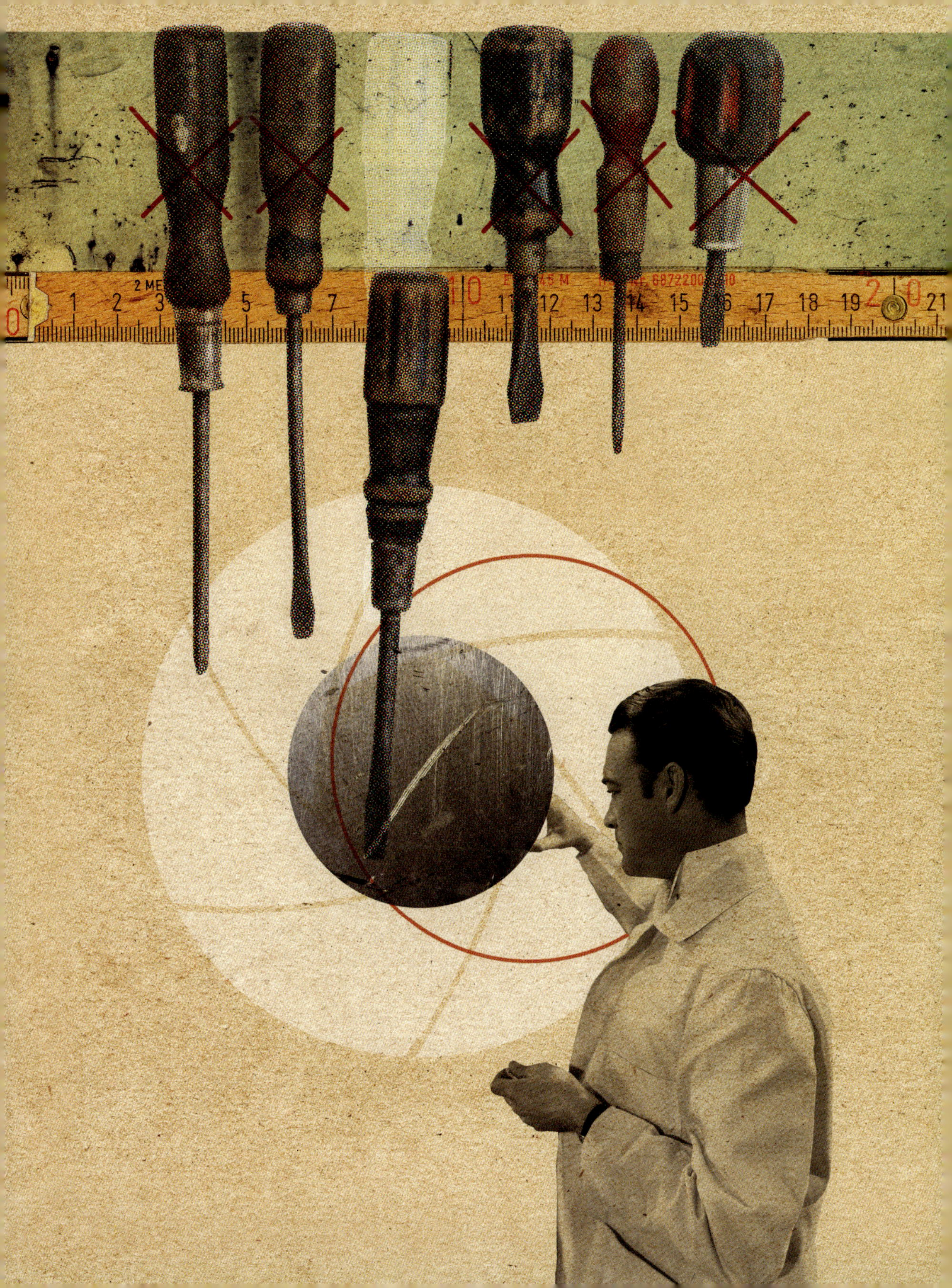

SCHUSSWAFFEN-ANALYSE UND BALLISTIK

30-Sekunden-Drehbuch

Eine Schusswaffe wie eine Kanone ist eine Vorrichtung mit einem Rohr, durch das Projektile mittels kinetischer Energie auf ein anvisiertes Ziel abgefeuert werden. Moderne Schusswaffen verfügen über mechanische Vorgänge während des Ladens, Abfeuerns und/oder des Austritts und sie haben Magazine zum Aufbewahren von Munition oder Nachladen. All dies kann Spuren auf den Patronenhülsen und Geschossen hinterlassen. Die Analyse der Klassenmerkmale soll den Hersteller und das Modell der Schusswaffe enthüllen, während individuelle Spuren Herstellungsfehler oder Abnutzungen anzeigen oder auch Unfallschäden. Schusswaffen haben entweder einen glatten oder einen gezogenen Lauf, es gibt Handfeuerwaffen oder Langwaffen. Gezogene Läufe haben an ihrer Innenseite spiralförmige Furchen, über sie entsteht die gyroskopische Rotation über die Längsachse des Projektils auf seinem Weg zur Mündung. Schusswaffenexperten versuchen durch die Spuren, die die Waffe auf dem weicheren Geschoss hinterlassen hat, auf das Kaliber, den Hersteller und das Modell der benutzten Waffe zu schließen. Wird die Waffe eines Verdächtigen sichergestellt, werden Testschüsse mit ihr abgegeben, um die wiederkehrenden Spuren, die sie auf der Munition verursacht, mit den vorliegenden auf Übereinstimmungen zu vergleichen.

3-SEKUNDEN-INDIZ

Die Schusswaffenanalyse umfasst auch den Vergleich von Spuren auf abgefeuerten Projektilen und Patronenhülsen, um die Waffenart festzustellen und zu sehen, ob es Gemeinsamkeiten zwischen Beweisstücken und der Waffe des Verdächtigen gibt.

3-MINUTEN-BEWEIS

Allgemein gilt: Wenn der Abzug einer Schusswaffe betätigt wird, schnellt ein Schlagbolzen vor und trifft auf das Zündhütchen der Ladung. Dadurch wird eine chemische Reaktion ausgelöst und Gas tritt rasch aus. Das wiederum trennt das Projektil von der Hülse und schiebt es vorwärts durch den Lauf, hin zum Ziel. Hitze und Rauch entstehen, die zusammen mit Feststoffteilchen Schmauch bilden.

VERWANDTE THEMEN

Siehe auch
SCHMAUCHSPUREN
Seite 68

WERKZEUGSPUREN
Seite 76

3-SEKUNDEN-BIOGRAFIE

ALEXANDER J. FORSYTH
1768–1843
Schottischer Pfarrer und Jäger. Er erfand 1807 die Schlagzündung, wobei er Knallquecksilber verwendete. Dies war maßgebend für die Entwicklung von modernen Schusswaffen.

GERALD BURRARD
1888–1965
Autor diverser Werke über Waffen, in denen er unter anderem Mikroskopie und Fotografie als wichtige Instrumente anpries, um Gemeinsamkeiten von Waffen und Geschossen plausibel vor Gericht zu beweisen.

3-SEKUNDEN-TEXT

Grant Thomson

Die ballistische Analyse umfasst die Untersuchung der Waffe, des Projektils und des getroffenen Objekts.

FUẞSPUREN

30-Sekunden-Drehbuch

Die verschiedenen Größen und Ausführungen von Sohlen machen es relativ einfach, Schuhwerk zu identifizieren. So werden die Sohlen der meisten Sportschuhe aus Gummi oder Polymeren hergestellt, aus einer großen Lage ausgestanzt oder entstehen durch Gussverfahren. Sie können viele Elemente wie Linien, Zickzacklinien, Kreise etc. enthalten. An getragenen Sohlen zeigen sich Gebrauchsspuren und charakteristische Schäden (wie Schnitte). Wenn beschuhte Personen durch einen Tatort gehen, hinterlassen ihre Sohlen entweder dreidimensionale Spuren oder zweidimensionale Abdrücke im Staub oder auch im Blut. Letztere können mithilfe eines Streiflichts oder chemischer Erkennungstechniken verstärkt werden. Die Anordnung von Fußabdrücken lässt darauf schließen, was an einem Tatort passiert ist. Der Vergleich mit anderen Abdrücken kann Kriminalfälle miteinander in Verbindung bringen. Die Abdrücke lassen sich außerdem mit Referenzabdrücken vergleichen, so dass man Informationen über Marke, Modell oder Schuhgröße erhält. Werden Schuhe von einer bekannten Person beschlagnahmt, lassen sich eingefärbte Referenzabdrücke der Sohlen mit denen von einem Tatort vergleichen. Das Studieren von allgemeinen und erworbenen Merkmalen hilft den Experten, festzustellen, ob die Abdrücke von einer gemeinsamen Quelle stammen können. Beweise dieser Art können Personen vollkommen entlasten, aber auch enorm belasten.

3-SEKUNDEN-INDIZ

Die Abdrücke unserer Schuhe, wenn wir gehen, sind ein Zeichen für unser Dasein, unseren Weg und unsere Aktivitäten.

3-MINUTEN-BEWEIS

Zwar sind Schuhe Massenware, aber die sich ständig ändernde Mode, das variantenreiche Design, die Anzahl der Formen und die kleinen Abweichungen sorgen dafür, dass sich Sohlen mit ziemlicher Sicherheit identifizieren lassen. Mehr als 95 Prozent aller Sohlendesigns lassen sich durch die visuelle Prüfung ihrer Merkmale auseinanderhalten. Über die Merkmale von Schuhsohlen gibt es ein Code-System, anhand dessen sich über eine Datenbank Schuhtypen bekannter Hersteller identifizieren lassen.

VERWANDTE THEMEN

Siehe auch
GANGANALYSE
Seite 44

WERKZEUGSPUREN
Seite 76

FORENSISCHE BODENKUNDE
Seite 112

3-SEKUNDEN-BIOGRAFIE

WILLIAM J. BODZIAK
1946–
FBI-Experte für Schuhwerk und Reifenabdrücke und Autor des Buchs *Forensic Footwear Evidence*. In vielen hochkarätigen Fällen, wie dem O. J. Simpson-Prozess 1995, war Bodziak Kronzeuge.

3-SEKUNDEN-TEXT

Christophe Champod

Schuhsohlen, die auf glatten oder rutschigen Oberflächen Bodenhaftung geben sollen, hinterlassen am Tatort oft Spuren, anhand derer man die Schuhe zurückverfolgen kann.

2444

BLUT

30-Sekunden-Drehbuch

Bei vielen gewalttätigen Übergriffen fließt Blut. Jede Tat lässt ein bestimmtes Muster an Blutlachen oder -spritzer entstehen. Das Blutmuster nach einer Schussverletzung unterscheidet sich etwa von dem nach einem Messerstich oder wenn Blut aus einer Wunde tropft. Taten lassen sich allein durch das Betrachten der Blutflecke bestimmen, daher gehört diese Methode zur Tatortermittlung. Zu Schlussfolgerungen kommt man durch die Hilfe untermauernder Wissenschaften (Mathematik, Physik und Biologie), die Informationen darüber geben, wie das Blutmuster entstanden ist. Die Analyse der Blutspritzer gehört zu den rekonstruktiven Instrumenten. Wenn Blut den Körper verlässt, dann geschieht dies ballförmig. Zwischen der Form der Lache und der Gewalt, durch die er entstanden ist, gibt es einen einfachen Zusammenhang: Je stärker der Aufprall, umso kleiner ist der Fleck. Fällt der Blutball in einem 90°-Winkel auf eine Oberfläche, hinterlässt er einen runden Fleck, wird der Winkel spitzer, gibt es einen längeren, dünneren Fleck. Kleinere Blutbälle fliegen aufgrund des Luftwiderstands nicht so lange. Anhand der Größe und Form der Blutspritzer kann der Experte auf die Tat, die das Muster hervorrief, schließen.

3-SEKUNDEN-INDIZ

Blut ist die Körperflüssigkeit, mit der man in der Forensik am häufigsten zu tun hat. Häufig wird aus Blut ein DNA-Profil erstellt.

3-MINUTEN-BEWEIS

Das Muster des Bluts kann höchst informativ sein und ist ein wichtiges Mittel zur Rekonstruktion. Für aussagefähige Blutflecken werden mehr als ein Blutstropfen benötigt. Beim Anblick vieler Blutspritzer, die alle aus derselben Stelle stammen, kann der Experte mit der Rekonstruktion der Tat beginnen. Das Muster allein kann zeigen, ob es sich um einen gewalttätigen Übergriff handelt oder um Selbstverteidigung.

VERWANDTE THEMEN

Siehe auch
DNA-PROFILING
Seite 36

KÖRPERFLÜSSIGKEITEN
Seite 66

3-SEKUNDEN-BIOGRAFIE

PAUL L. KIRK
1902–1970
Amerikanischer Chemiker, Erfinder der Blutfleckenanalyse, gab eine eidesstattliche Erklärung im *Fall des Staates Ohio gegen Samuel Sheppard* (1954) ab. Das war spektakulär, weil die Blutfleckenanalyse dem Frye-Standard entsprach und daher in vielen US-Staaten zugelassen wurde.

3-SEKUNDEN-TEXT

Adrian Linacre

Hochauflösende Fotos halten Beweise nach gewalttätigen Übergriffen fest. Form, Anzahl und Größe der Blutspritzer können auf die Art der Waffe oder den Aufprallwinkel hinweisen.

50°

1791
geboren in Newington Butts (der heutige Londoner Bezirk Southwark)

1813
Anstellung als chemischer Assistent am Royal Institution

1821
zum stellvertretenden Leiter des Royal Institution ernannt, entdeckt die elektromagnetische Rotation, das Prinzip der Elektromotoren, heiratet Sarah Barnard

1824
Wahl zum Mitglied der Royal Society, führt die Weihnachtsvorlesungen des Royal Institution ein

1825
Ernennung zum Direktor des Labors am Royal Institution, entdeckt Benzol

1831
entdeckt elektromagnetische Induktion und erfindet den elektromagnetischen Generator

1832
erhält die Ehrendoktorwürde der Oxford University

1833
Ernennung zum ersten Fullerian Professor für Chemie

1835
der König gewährt ihm eine Zivillisten-Pension

1845
entdeckt Diamagnetismus

1846
untersucht die Kohlenstaubexplosionen von Haswell, bei denen 95 Minenarbeiter starben

1847
entdeckt die optischen Eigenschaften von Goldkolloiden – unabdingbar für metallische Nanopartikel

1859
beleuchtet als erster Leuchttürme mit Strom

1862
erhält die Ehrendoktorwürde der Cambridge University

1867
stirbt in seinem, ihm vom König überlassenen, Haus Hampton Court in London

MICHAEL FARADAY

Michael Faraday erhielt eine nur sehr schlichte Schulbildung und begann mit 14 eine Ausbildung zum Buchbinder. Während seiner Ausbildung las er sehr viel, sein Interesse an der Wissenschaft war entfacht. Er besuchte Vorlesungen von Humphry Davy am Royal Institution und in der Royal Society. Eines Tages schickte er dem Dozenten seine Aufzeichnungen darüber. Das setzte den Grundstein für eine lebenslange Freundschaft zwischen den beiden Männern und war der Anstoß dafür, dass Davy Faraday als chemischen Assistenten am Royal Institution anstellte. Zwischen 1813 und 1815 begleitete Faraday Davy auf einer Reise quer durch Europa, wo er die Bekanntschaft mit vielen namhaften Wissenschaftlern auf dem ganzen Kontinent machte.

Seine Karriere entwickelte sich und Faraday wurde für seine Kenntnisse in der Chemie hoch geschätzt. Er untersuchte die Verflüssigung einer Reihe von Gasen, arbeitete an Stahllegierungen und entwickelte Glasarten mit neuen optischen Eigenschaften. Um seine Forschungen weiter verfolgen zu können, konstruierte er eigene Instrumente für seine Experimente. Am bekanntesten ist wahrscheinlich seine Arbeit mit Elektrochemie, Elektromagnetismus und Elektrizität. Viele Erfindungen in diesen Bereichen stammen von ihm.

Faraday war gläubiger Christ und war als Ältester bei den Sandemanianern tätig, einem Nebenzweig der Church of Scotland. Seine Fähigkeiten setzte er auch für das öffentliche Wohl ein. So untersuchte er industrielle Umweltverschmutzung und Kohlengasexplosionen. Für diese Anliegen trat er als Sachverständiger vor Gericht auf.

Bildung war Faraday ein großes Anliegen, er engagierte sich stark darin, der Öffentlichkeit die Wissenschaften näher zu bringen. 1825 begannen auf seine Initiative hin die Weihnachtsvorlesungen am Royal Institution, die auch heute noch stattfinden. 1862 hielt er vor der Kommission für öffentliche Schulen einen Vortrag über den Zustand des Bildungssystems in Großbritannien. Er war ein begnadeter Dozent, der seinen Zuhörern mit Witz eigene Erfahrungen vortrag.

Im Verlauf seines Lebens verfasste Faraday eine Vielzahl unterschiedlicher Lehrbücher und Abhandlungen über seine Arbeit. Er erhielt viele Auszeichnungen, unter anderem die Royal Medal und die Coply-, Rumford- und Albert-Medaillen. Mehrere wissenschaftliche Akademien ernannten ihn zu ihrem Mitglied. Den Vorsitz an der Royal Society hingegen lehnte er mehr als einmal ab, ebenso wie die Ernennung in den Ritterstand. An erster Stelle war Michael Faraday Universalgelehrter in den Wissenschaften, hatte tiefes Interesse an der Welt um ihn herum und war genauso leidenschaftlich, wenn es um Experimente oder Kommunikation ging oder er mit Begeisterung zeigen konnte, wie die Wissenschaften das Verständnis für die Welt voranbringen kann.

Niamh Nic Daéid

DOKUMENTEN-ANALYSE

30-Sekunden-Drehbuch

Dokumente aus Papier, bei denen der Verdacht besteht, dass entweder der Inhalt verändert wurde, dass sie auf einen anonymen Autor zurückgehen oder dass ihre Authentizität angezweifelt wird, durchlaufen die forensische Dokumentenanalyse. Am häufigsten werden Dokumente auf Textänderungen oder hinsichtlich der Unterschrift untersucht. Dabei kommt unter anderem eine Analyse mit Licht zur Anwendung, um zu sehen, ob dieselbe Tinte im gesamten Dokument verwendet wurde. Druckstellen, die auf dem Papier durch das Schreiben entstehen, werden darauf untersucht, ob sie zum Text des Dokuments passen. Auch Papier, das unter dem zu fraglichen Dokument lag, wird nach Druckstellen abgesucht. So würde in einem Notizbuch die Seite, die unter dem beschriebenen Blatt lag, sehr genau nach Änderungen durchgesehen. Bei anonymen Schriftstücken kommt eine physische Untersuchung zum Einsatz: Welche Tinte wurde verwendet, gibt es typische Spuren von einem Drucker, der für das Dokument benutzt wurde? Die Überprüfung der Authentizität eines Dokuments umfasst die Feststellung der Papierart, aber auch, ob es Wasserzeichen oder andere eingearbeitete Merkmale hat oder eine spezielle Schrift oder Tinte.

3-SEKUNDEN-INDIZ

Die Analyse eines Dokuments umfasst mehrere Verfahren, mit denen seine Authentizität untersucht wird oder es nach Veränderungen untersucht wird.

3-MINUTEN-BEWEIS

Die Dokumentenanalyse wird in der Kriminalistik in Nordamerika und Europa seit den 1930er Jahren eingesetzt. Meist wird die Tinte oder das Papier nur visuell untersucht und nicht bearbeitet. Manchmal muss auch das Alter der Tinte bestimmt werden, eine sehr anspruchsvolle Aufgabe. Eine Besonderheit ist das Untersuchen von Banknoten oder Ausweispapieren wie Reisepässen.

VERWANDTE THEMEN

Siehe auch
HANDSCHRIFTENANALYSE
Seite 50

FARBSTOFFE UND PIGMENTE
Seite 70

BEWEISMITTELAUSWERTUNG
Seite 148

3-SEKUNDEN-BIOGRAFIE

ALBERT OSBORN
1858–1946
Autor eines frühen Lehrbuchs über Dokumentenanalyse und erster Präsident der Amerikanischen Gesellschaft der Dokumentenanalytiker.

ORDWAY HILTON
1913–1998
Autor von *Scientific Examination of Questioned Documents*, dem Hauptlehrwerk für Dokumentenanalytiker.

3-SEKUNDEN-TEXT

Niamh Nic Daéid

Die Dokumentenanalyse gilt als schlagkräftiges Beweismittel für eine Verbindung zwischen einer Person und einem veränderten Text.

BRANDORT-ERMITTLUNG

30-Sekunden-Drehbuch

Die Aufgabe der Brandortermittler ist es festzustellen, wo und wie ein Feuer ausgebrochen ist. Häufig müssen sie den Verlauf des Brands rekonstruieren. Dafür greifen sie auf Informationen und Kenntnisse über die Weise, wie Hitze sich auf Materialien auswirkt und wie sie brennen, zurück. Feuer in Gebäuden entwickeln sich in einer bestimmten Reihenfolge, die unterschiedliche Schadensmuster hinterlässt (verkohlen, verfärben oder zerstören). Das sind die sogenannten Brandspuren auf Oberflächen und Gebäuden. Anhand ihrer Auswertung wird versucht, den wahrscheinlichsten Verlauf der Geschehnisse zu rekonstruieren. Die erste Phase einer Brandortermittlung besteht darin, Informationen darüber zu sammeln, was vor dem Brand geschehen ist. Danach wird der Brandort Schritt für Schritt nach Brandspuren und Schäden abgesucht, um zu sehen, wo das Feuer ausbrach. Dazu müssen häufig Brandschuttschichten abgefahren werden. Wenn der Ursprungsort des Feuers gefunden ist, wird nach der Brandursache gesucht. Verbreitete Ursachen für einen Brand sind überhitzte oder schadhafte elektrische Geräte, Schwelbrände oder Brandstiftung. Brandortermittler beschäftigen sich auch damit, wie sich Feuer in Gebäuden ausbreitet. Sie werden in strafrechtlichen und zivilrechtlichen Fällen eingesetzt. Auch ist ihre Expertise für den Bau von Gebäuden, Möbeln, Geräten und Fahrzeugen gefragt.

3-SEKUNDEN-INDIZ

Für Brandortermittler sind Kenntnisse in Chemie, Ingenieurswesen und Physik unabdingbar, um zu verstehen, wie Brände entstehen und sich entwickeln.

3-MINUTEN-BEWEIS

Häufig arbeiten ganze Expertenteams bei Brandortermittlungen zusammen, um herauszufinden, wo und wie ein Feuer ausgebrochen ist und sich ausgebreitet hat. Manchmal sind die Schäden so groß, dass sich die Brandursache nicht definitiv feststellen lässt, aber ein „wahrscheinlicher Grund" wird meist gefunden, wie etwa Materialüberhitzung aufgrund einer chemischen oder biologischen Reaktion oder Fehler in der Elektrik, Blitzeinschläge oder Brandstiftung.

VERWANDTE THEMEN

Siehe auch
SACHVERSTÄNDIGE
Seite 138

ZULÄSSIGKEIT
Seite 142

BEWEISMITTELAUSWERTUNG
Seite 148

BEWEISMITTELPRÄSENTATION
Seite 150

3-SEKUNDEN-BIOGRAFIE

ROBERT BOYLE
1627–1691
Anglo-irischer Chemiker und Mitbegründer der Royal Society. Seine Arbeit diente dem Verständnis der wesentlichen chemischen Natur von Verbrennung.

3-SEKUNDEN-TEXT

Niamh Nic Daéid

Der systematische Abtrag von Schuttschichten an einem Brandort wird auch „grammweiser Abtrag" genannt. Ermittler können auf diese Art vorsichtig physische Beweise freilegen.

DROGEN

30-Sekunden-Drehbuch

Drogen sind Substanzen, die bei demjenigen, der sie einnimmt, chemische oder biologische (physiologische) Veränderungen verursachen. Drogen in Arzneimitteln gibt es entweder rezeptfrei, zum Beispiel Ibuprofen, oder rezeptpflichtig zu kaufen. Einige Drogen unterliegen der Kontrolle des Gesetzes, da sie als potentiell gefährlich für Individuen und die Gesellschaft eingestuft sind. Ihnen hängt ein hohes Missbrauchsrisiko an. Sie werden als Suchtstoffe bezeichnet. Viele dieser Drogen werden für medizinische Zwecke eingesetzt, zum Beispiel das Schmerzmittel Diamorphin oder Diazepam, das gegen Angstzustände helfen soll. Andere hingegen haben keinen medizinischen Zweck und werden illegal hergestellt, wie Ecstasy (MDMA). Beschlagnahmte, verdächtige Proben, meist Pulver, Tabletten oder Pflanzenteile, werden in forensischen Drogentestlabors untersucht, wo auch ihr Aussehen festgehalten wird. Anschließend wird ein Vortest durchgeführt, häufig ein einfacher, chemischer Farbtest, der Auskunft über die chemische Familie gibt, zu der die vorliegende Droge gehört (Diamorphin etwa ist ein Opiat). Weitere Bestätigungstests folgen, zum Beispiel mit Chromatographen und Massenspektrometern zur Identifizierung der einzelnen chemischen Bestandteile. Viele illegale Drogen sind Substanzmischungen in Pulverform oder als Tabletten, deren Konzentration sehr unterschiedlich ausfallen kann. Ihre Wirkung ist daher nicht vorhersehbar.

3-SEKUNDEN-INDIZ

Polizei oder Zoll übergeben beschlagnahmte Drogen an forensische Drogenchemiker, die untersuchen, ob Suchtstoffe darin enthalten sind.

3-MINUTEN-BEWEIS

Zu den „traditionellen" Drogen wie Cannabis, Kokain, Amphetaminen, Ecstasy und Heroin drängt sich eine steigende Anzahl neuer Suchtstoffe auf den illegalen Markt, die sogenannten neuen psychoaktiven Substanzen (NPS). Seit 2008 hat man mehr als 700 neue Drogen identifiziert. Sie werden nicht so oft konsumiert wie die etablierten Drogen und viele von ihnen verschwinden genauso schnell vom Markt, wie sie erschienen sind.

VERWANDTE THEMEN

Siehe auch
TOXIKOLOGIE
Seite 92

3-SEKUNDEN-BIOGRAFIE

FRIEDRICH SERTÜRNER
1783–1841
Deutscher Apotheker, isolierte 1817 Morphin aus Rohopium, geerntet aus Papaver Somniferum, der Opium-Mohnpflanze. Er erbrachte den Beweis, dass das Morphin für die Wirkung von Opium verantwortlich ist, das zu dem Zeitpunkt als Schmerz- oder Beruhigungsmittel eingesetzt und häufig geraucht wurde.

FRANCIS WILLIAM ASTON
1877–1945
Britischer Physiker und Chemiker, baute 1919 das erste Massenspektrometer. Heute ist es eins der gebräuchlichsten Instrumente in modernen Laboratorien, die Drogen untersuchen. Mit seiner Hilfe werden Suchtstoffe in sichergestellten Proben gefunden.

3-SEKUNDEN-TEXT

Craig McKenzie

Cannabis, Kokain, Amphetamine, Ecstasy und Heroin sind die am meisten konsumierten Drogen weltweit.

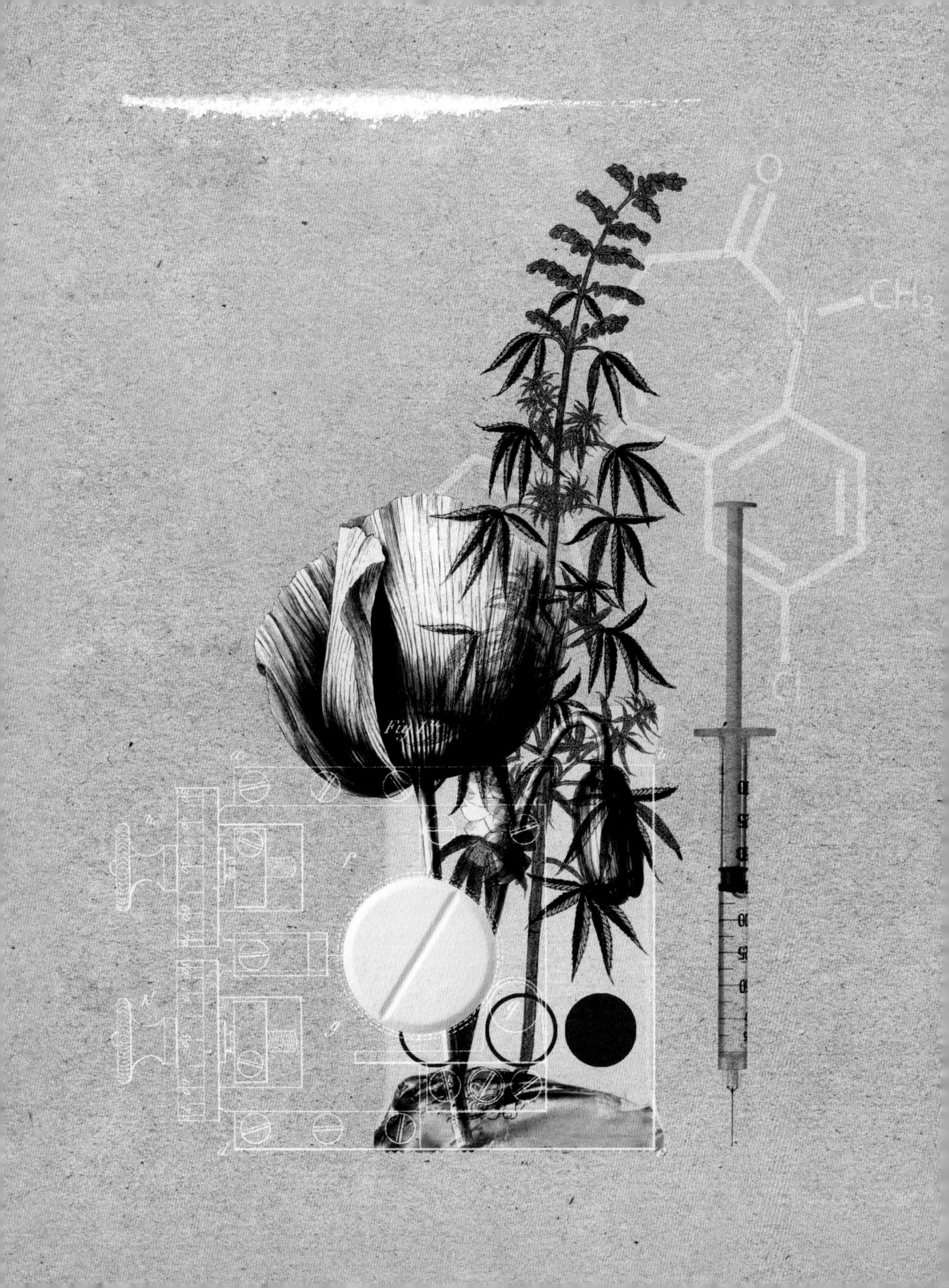

TOXIKOLOGIE

30-Sekunden-Drehbuch

3-SEKUNDEN-INDIZ
In der forensischen toxikologischen Untersuchung wird nach Drogen und Giften in biologischen Proben wie Urin oder Blut gesucht und welche Auswirkungen sie auf Menschen oder auch auf Tiere haben.

3-MINUTEN-BEWEIS
Im Körper verwandeln sich Drogen und Gifte in einem Prozess, der Biotransformation heißt. Diamorphin, das in Heroin vorkommt, wird innerhalb von 2 bis 6 Minuten in 6-Monoacetylmorphin verwandelt, das nach 6-25 Minuten zum Schmerzmittel Morphin wird. Wird Morphin im Blut oder im Urin gefunden, heißt das automatisch, dass Morphin konsumiert wurde. Ebenso gut können Diamorphin oder Codein, die beide Morphin bilden, genommen worden sein.

Aufgrund ihres Instinkts und ihrer Erfahrung wissen Menschen und Tiere, welche Substanzen ihnen gefährlich sind und vermeiden sie. Giftige Substanzen haben spezifische Wirkungen, sie fügen Schaden zu, können schnell (akute Toxizität) oder langsam (chronische Toxizität) töten. Manche Giftstoffe wirken bereits in winzigen Mengen, andere, die häufig für unschädlich gehalten werden, erst in großen Dosen. Die Toxizität hänge zudem unter anderem vom Aufnahmeweg ab (toxische Substanzen können eingeatmet, geschluckt, injiziert oder über die Haut aufgenommen werden), auch der allgemeine Gesundheitszustand einer Person vor Aufnahme des Gifts ist entscheidend. Ein forensischer Toxikologe sucht in biologischen Proben wie Urin oder Blut nach Substanzen, zumeist Drogen, Alkohol oder anderen Giftstoffen, berechnet die Konzentration und übermittelt seinen Bericht der Polizei oder einem Gericht. Darin wird aufgeführt, zu welchem Zeitpunkt das Gift genommen wurde sowie eine Einschätzung der gefundenen Substanzen. Die postmortale Toxikologie befasst sich zum Beispiel mit Proben einer verstorbenen Person, die eines plötzlichen, unerklärlichen Todes gestorben ist oder weil sie unbeabsichtigt etwas Giftiges zu sich genommen hat. Die Antemortem-Toxikologie umfasst die Untersuchung der Proben von Tätern oder Opfern und wird bei Morden, Überfällen, sexuellen Übergriffen unter Drogen und Verkehrsdelikten eingesetzt.

VERWANDTE THEMEN
Siehe auch
AUTOPSIE
Seite 14

DROGEN
Seite 90

3-SEKUNDEN-BIOGRAFIE
PARACELSUS
1493–1541
Deutsch-schweizerischer Arzt, der als Vater der formalen toxikologischen Analyse gilt.

MATHIEU ORFILA
1787–1853
Französischer Toxikologe, der als Sachverständiger in vielen hochrangigen Kriminalfällen aussagte.

ALICE HAMILTON
1896–1970
Amerikanische Ärztin, Expertin für Arbeitsmedizin und erste Frau, die in Harvard lehrte. Sie studierte die toxischen Auswirkungen vieler Substanzen auf Arbeiter, die mit ihnen umgingen und setzte sich erfolgreich für verbesserte Arbeitssicherheit ein.

3-SEKUNDEN-TEXT
Craig McKenzie

Toxine können in Blut, Urin und Speichel festgestellt werden. Haare verraten Drogenmissbrauch.

SPRENGSTOFFE

30-Sekunden-Drehbuch

Sprengstoffe sind seit der Erfindung des Schwarzpulvers durch die Chinesen im neunten Jahrhundert bekannt. Ab Mitte des 19. Jahrhunderts begann die kommerzielle Herstellung für die Minen- und Munitionsindustrie. Sprengstoffe können entweder detonieren (das sind die hochexplosiven Stoffe, wie zum Beispiel TNT) oder deflagrieren (weniger explosiv, beispielsweise die meisten Feuerwerkskörper). Der Unterschied besteht in der Geschwindigkeit, mit der die durch chemische oder physikalische Reaktion entstandene Energie die Hülle verlässt. Sprengstoffe lassen sich auch durch die Empfindlichkeit kategorisieren, mit der sie reagieren. Einige Zündstoffe reagieren sehr sensibel auf Stöße, Hitze, Strom oder Druck, andere sind stabiler und halten mehr aus. Vor der Explosion steht eine Zündkette, die in ihrer einfachsten Form aus einem Initiator, einem Detonator und der Hauptladung besteht. Ein wenig des Zündstoffes, wie Knallquecksilber (der Detonator), wird beispielsweise durch Strom (der Initiator) initiiert, wodurch der Sprengstoff, etwa TNT (die Hauptladung), in dem der Detonator eingebaut ist, durch Explosion reagiert. Zeitzünder, Auslöser oder andere Verstärker werden häufig eingesetzt.

3-SEKUNDEN-INDIZ

Die Zahl der Materialien, die als explosiv eingestuft sind, ist sehr groß, häufig aufgrund der Energie, mit der sie entweder chemisch oder physikalisch reagieren.

3-MINUTEN-BEWEIS

Die Analyse explosiver Rückstände umfasst die Untersuchung von Proben von der Explosionsstelle, von Resten des Sprengkörpers, von der Haut oder der Kleidung einer Person oder aus der Umgebung, von der man annimmt, der Sprengkörper sei dort gebaut worden. Es gibt viele Chemikalien, die in selbst gebauten Sprengkörpern verwendet werden können. Dadurch wird die forensische Bestimmung häufig sehr erschwert.

VERWANDTE THEMEN

Siehe auch
SACHVERSTÄNDIGE
Seite 138

ZULÄSSIGKEIT
Seite 142

BEWEISMITTELAUSWERTUNG
Seite 148

BEWEISMITTELPRÄSENTATION
Seite 150

3-SEKUNDEN-BIOGRAFIE

ALFRED NOBEL
1833–1896
Schwedischer Chemiker, Erfinder des Dynamits und Stifter des Nobel-Preises

3-SEKUNDEN-TEXT

Niamh Nic Daéid

Bei chemischen präsumtiven Tests mit Explosivstoffen wird häufig mit einer Farbreaktion gearbeitet, die auf das mögliche Vorhandensein spezifischer explosiver Bestandteile hinweist. Diese Tests werden meist draußen verwendet.

THIS WAS CALLED THE "PICTURE OF THE CENTURY" WHEN TAKEN ON
THE MORNING OF JUNE 5, 1901, WHEN THE MARE ISLAND AMMUNI-
TION DEPOT POWDER MAGAZINE BLEW UP. THERE WERE NO CAS-
UALTIES, BUT CONSIDERABLE PROPERTY DAMAGE RESULTED IN BOTH
MARE ISLAND AND VALLEJO.
FRISBIE, AND SHE WAS MAKING HER MAIDEN RUN TO SAN FRAN-
CISCO. THE COMPANY DESIRED A PUBLICITY SHOT OF THE
FRISBIE COMING DOWN THE CHANNEL IN THE EARLY MORNING
SUNLIGHT AFTER LEAVING HER VALLEJO DOCK AT 7:30 A.M.
CH3

BEWEISE AUS DER NATUR

BEWEISE AUS DER NATUR
GLOSSAR

Bioterrorismus Der Einsatz von Infektionserregern oder Biogefährdung als Waffe des Terrorismus.

Bryophyten Eine Pflanzengruppe, zu der Moose, Leberblümchen und Hornblatt gehören.

Convention of International Trade in Endangered Species of Flora or Fauna (CITES) Ein internationales Abkommen zum Schutz von Pflanzen und Tieren.

Dendrologische Analyse Minutiöse Holzuntersuchung, botanische Identifizierung der Baumgattung, des Alters, der Maserung und Hobelmale.

geheimes Grab Bezieht sich auf ein verstecktes Begräbnis oder auf einen Begräbnisort, der unentdeckt bleiben sollte.

Lindbergh-Gesetz 1932 wurde der 20 Monate alte Sohn der amerikanischen Fliegerlegende Charles Lindberg entführt und vier Wochen später tot aufgefunden. Dieser Fall war Auslöser für den Federal Kidnapping Act, allgemein Lindbergh-Gesetz genannt.

Magnetometrie Messung und Kartografieren von magnetischen Feldern im Boden.

Methamphetamin Eine stark suchterzeugende synthetische Droge, auch bekannt als "Meth" oder „Crystal Meth".

Mikrobische Forensik Anwendung wissenschaftlicher Techniken zur Beweisanalyse bei Fällen von Bioterrorismus und Verbrechen, bei denen Mikroorganismen im Spiel sind.

Mikroskopie Untersuchung von Objekten, die zu klein für das bloße Auge sind, mithilfe von Mikroskopen.

Morphologie Teilbereich der Biologie, beschäftigt sich mit Gestalt, Form und Struktur.

Referenzexemplar Jede Probe, an der Studien durchgeführt werden können und die als Referenzobjekt dient.

Palynomorphe Über die Luft übertragene Objekte, wie Pollen, Sporen, Staub und Pilze. Sie können sowohl pflanzlich als auch tierisch sein und sind mikroskopisch klein (ungefähr 5µm bis 500µm).

Radiokarbondatierung Methode zur Bestimmung des Alters eines Objekts, das organisches Material enthält.

Taxon Klassifizierung einer oder mehrerer Populationen eines Pflanzenorganismus.

FORENSISCHE BOTANIK

30-Sekunden-Drehbuch

Geschätzte 400.000 Pflanzenarten gibt es auf der Erde. Ihre Samen, Blüten, Stengel und Blätter stehen in direktem Bezug zu ihrem Standort. Forensische Botaniker werden zu einem Tatort gerufen, um Beweismittel zu sammeln und Erkenntnisse zu gewinnen, an welchen Orten gesucht werden sollte. Sie identifizieren und analysieren Pflanzenproben, die sie von Werkzeugen, Schuhwerk, Fahrzeugen oder Kleidung nehmen. Manchmal rekonstruieren sie eine Umgebung, aus der die Probe stammen könnte oder sie sagen als Sachverständige vor Gericht aus. Sie können dabei helfen, versteckte Gräber zu finden. Es gibt Pflanzen, die sich schnell auf frisch aufgeworfener Erde ansiedeln, andere Sorten folgen, bis die Stelle sich regeneriert hat. Jedoch entspricht der Bewuchs in Zusammensetzung und Verteilung nicht dem ursprünglichen Zustand. Ein verscharrter Körper hat außerdem chemische Auswirkungen auf die Erde und hemmt oder fördert das Pflanzenwachstum. Dadurch unterscheidet sich die Entwicklung der Pflanzen dort von seiner Umgebung: Das kann auch Jahrzehnte später noch sichtbar sein. Manchmal untersuchen forensische Botaniker den Verdauungstrakt eines Opfers nach Hinweisen auf dessen letzte Mahlzeit. Kennt man die Verdauungszeiten für pflanzliche Nahrung, lässt sich in etwa die Zeitspanne zwischen letzter Nahrung und Eintritt des Todes bestimmen.

3-SEKUNDEN-INDIZ
Die forensische Botanik unterstützt durch ihr Pflanzenwissen Ermittlungsverfahren.

3-MINUTEN-BEWEIS
1992 wurde die Leiche von Denise Johnson in der Wüste nahe Phoenix, Arizona, USA gefunden. Forensische Botaniker wiesen eine Verbindung zwischen dem Truck ihres Mörders und dem Tatort nach. Zum ersten Mal glich die botanische DNA-Analyse einen bestimmten Baum am Tatort mit Samenhülsen, die am Verdächtigen gefunden wurde, ab. Forensische Botaniker untersuchen die Herkunft geschmuggelter und gestohlener Waren, wie illegal gehandeltes Holz, oder von Nahrungsmitteln. Auch ermitteln sie bei Umweltdelikten, die mehr und mehr die natürlichen Ressourcen bedrohen.

VERWANDTE THEMEN
Siehe auch
FORENSISCHE PALYNOLOGIE
Seite 106

FORENSISCHE BODENKUNDE
Seite 112

3-SEKUNDEN-BIOGRAFIE
ÖTZI
3345–3300 v. Chr.
Eine 5.200 Jahre alte, gefrorene Leiche, wurde 1991 in den Alpen gefunden. Sechs Arten von Bryophyten, die in Ötzis Verdauungstrakt gefunden wurden, ließen Rückschlüsse auf seine letzten Tage schließen.

ARTHUR KOEHLER
1885–1967
Amerikanischer Experte für Holzanatomie, dessen dendrologische Untersuchung einer Leiter zur Verurteilung von Bruno Hauptmann im Lindbergh-Fall führte.

3-SEKUNDEN-TEXT
Lorna Dawson

Über Pflanzen lässt sich feststellen, ob eine spezielle Art von einem bestimmten Ort stammt, etwa einem Tatort.

FORENSISCHE ENTOMOLOGIE

30-Sekunden-Drehbuch

Im Zuge der Evolution hat sich eine enorme Vielzahl an Insekten entwickelt. Die forensische Entomologie kann mithilfe einiger Arten dieser Organismen herausfinden, wann ein Verbrechen begangen wurde und wann der Tod eingetreten ist. Dabei wird das Augenmerk hauptsächlich auf die nekrophagen (aasfressenden) Insekten gelegt, die sich typischerweise über menschliche Überreste hermachen. Während der Zersetzungsprozess des Körpers voranschreitet, siedeln sich Insekten und Wirbellose in einer bestimmten Reihenfolge und Anzahl an. Das Wissen darüber, welche Insektenarten sich auf einem Kadaver niederlassen, sowie deren Entwicklungsphasen, kann helfen, den Grad der Verwesung und daher den ungefähren Zeitpunkt des Todes zu bestimmen. Die für Insektenkundler interessantesten Arten sind dabei Schmeißfliegen und Käfer, die eine komplette (oder holometabole) Entwicklung im Körper durchmachen: vom Ei übers Schlüpfen, Wachstum und Häutung bis zur Verpuppung. Entomologische Beweismittel helfen dabei, herauszufinden, wie eine Person gestorben ist oder ob ein Körper nach dem Tod transportiert wurde. Die Mundwerkzeuge von Insekten können beim Fressen Wunden hinterlassen, die leicht mit älteren Verletzungen verwechselt werden können. Daher muss eine Interpretation solcher Stellen am Körper sehr sorgfältig durchgeführt werden.

3-SEKUNDEN-INDIZ

Forensische Entomologie ist das Studium der Insekten bezüglich ihrem Verhalten an Leichen. Durch sie lässt sich feststellen, wie viel Zeit nach Eintritt des Todes vergangen ist.

3-MINUTEN-BEWEIS

Die Insektenkunde liefert wertvolle Informationen über die Umstände eines Verbrechens vor dem Tod, aber auch post mortem. Forensische Entomologen sind auch in Zivilverfahren über Wertschädigung von Besitztümern oder Schäden an Flugzeugen und Fahrzeugen beteiligt, die von Insektenbefall verursacht worden sein sollen. Insektenüberreste können den Reiseverlauf eines Fahrzeugs dokumentieren, was für eine Ermittlung hilfreich sein kann.

VERWANDTE THEMEN

Siehe auch
TODESZEITPUNKT
Seite 26

FORENSISCHE PALYNOLOGIE
Seite 106

FORENSISCHE BODENKUNDE
Seite 112

3-SEKUNDEN-BIOGRAFIE

SUNG TZ'U
1188–1251
Autor von *The Washing Away of Wrongs* (1247), in dem ein früher Einsatz der forensischen Entomologie beschrieben wird: Fliegen wurden von einer Sichel angezogen, mit der ein Mord begangen worden war.

JEAN PIERRE MÉGNIN
1828–1905
Französischer Entomologe, seine Bücher *La Faune des Tombeaux* (1887) und La Faune des Cadavres (1894) zählen zu den bedeutendsten in diesem Fach. Im letzteren führt er vorhersehbare Wellen oder Abfolgen von Insektenbefall an Leichen auf.

3-SEKUNDEN-TEXT

Lorna Dawson

Insekten an einer Leiche können den Todeszeitpunkt verraten.

28
2

WILDTIERE

30-Sekunden-Drehbuch

Viele Tierarten wurden bereits ausgerottet oder stehen kurz davor, weil mit ihnen illegaler Handel betrieben wird. Elfenbein, Hörner von Nashörnern und Körperteile von Tigern erzielen die höchsten Preise. Nashornhörner kosten auf dem Schwarzmarkt bis zu 95.000 $ pro Kilogramm, doppelt so viel wie Gold. Um an Elfenbein zu kommen, wurden im Jahr 2016 mehr als 20.000 Elefanten in Afrika abgeschlachtet. Der Handel mit Tigerkörperteilen hat in den letzten 50 Jahren zur Ausrottung von vier der acht Unterarten geführt. CITES (die Convention of International Trade in Endangered Species of Flora or Fauna) hat den Handel im Blick. Forensische Techniken wie Morphologie, Mikroskopie und DNA-Analyse helfen bei der Durchsetzung der Schutzgesetze. Forensische Tests dienen lediglich zur Feststellung der Spezies. Bei einem Stoßzahn kann eine morphologische Untersuchung ausreichen, um zu erkennen, ob er von einem Elefanten, einem Narwal oder einem Flusspferd stammt. Sichergestellte Proben sind häufig nur Fragmente, in diesen Fällen können DNA-Analysen sinnvoll sein. Die DNA-Sequenz einer Probe wird zur Sicherheit mit einer bekannten Probe (einem Referenzexemplar) abgeglichen. Diese Proben befinden sich normalerweise in Zoos oder Museen, sind aber auch über eine Datenbank im Internet abrufbar, der GenBank.

3-SEKUNDEN-INDIZ

Der illegale Handel mit Wildtieren ist ein schweres Verbrechen, das zur Ausrottung vieler Arten führt, in der forensischen Ermittlung allerdings selten vorkommt.

3-MINUTEN-BEWEIS

Wenn sich herausstellt, dass eine Lieferung Elfenbein von afrikanischen Elefanten stammt, dann lässt sich unter Umständen der Ort ermitteln, an dem gewildert wurde. Denn genau wie die DNA der Menschen je nach Lebensraum leicht variiert, ist es auch bei vielen anderen Arten, zum Beispiel bei Elefanten. Die forensischen Erkenntnisse können Aufschluss darüber geben, ob ein großer Fund aus einem einzigen Gebiet stammt. Dann kann man gegen die Wilderei dort vorgehen.

VERWANDTE THEMEN

Siehe auch
DNA-PROFILING
Seite 36

HAARE
Seite 58

3-SEKUNDEN-BIOGRAFIE

SAMUEL WASSER
ca. 1954–
Forschungsprofessor an der Universität von Washington, war maßgeblich an der Typisierung von Elefanten-DNA und Entwicklung einer DNA-Datenbank beteiligt.

3-SEKUNDEN-TEXT

Adrian Linacre

Forensische Tests zeigen, ob Körperteile tatsächlich von einer bedrohten Tierart stammen. Der Handel mit Tierfellen, Elfenbein, Horn und anderen Körperteilen bleibt trotz Verdammung und Kampagnen dagegen weltweit ein milliardenschweres Geschäft.

FORENSISCHE PALYNOLOGIE

30-Sekunden-Drehbuch

Die Forensische Palynologie beschäftigt sich mit der Erkennung von Pollen und Sporen. Sie wird seit über 50 Jahren im Strafjustizsystem eingesetzt. Pollen und Sporen können auf einer enormen Anzahl von Objekten gefunden werden, einschließlich menschlicher Körper. Sie verraten, wann sich diese Objekte zum letzten Mal am Herkunftsort von Pollen und Sporen aufhielten und geben zudem Informationen über diesen Ort preis. Wertvoll sind sie durch die Kombination ihrer Fülle, der verschiedenen Verbreitungsarten, ihrer Unzerstörbarkeit durch mechanische und chemische Einflüsse, ihrer mikroskopischen Größe und ihrer Morphologie. Aufgrund ihrer komplexen Morphologie lassen sie sich meist einem bestimmten Taxon zuordnen. Das erlaubt die Schlussfolgerung auf ihr ökologisches Umfeld oder bestimmte Schauplätze. Unterschiedliche Umgebungen erzeugen unterschiedliche Pollen und Sporen. Sie werden unbemerkt aufgenommen und weitergetragen. Einen Tatort sucht ein forensischer Palynologe nach Pflanzenarten ab, sammelt Beweisstücke und Erkenntnisse, in welchen Gebieten schwerpunktmäßig gesucht werden sollte. Er identifiziert und analysiert Pflanzenproben, die von Schuhen, Werkzeugen, Fahrzeugen oder Kleidung stammen.

3-SEKUNDEN-INDIZ
Die forensische Palynologie unterstützt Ermittlungsarbeit, indem sie anhand der verschiedenen Pollen und Sporen bestimmt, wo eine Person sich vermutlich zuletzt aufgehalten hat.

3-MINUTEN-BEWEIS
Palynomorphe – Pollen, Sporen, Staub, Pilze und andere luftübertragene Objekte – werden mit einem Binokularmikroskop oder einem Rasterelektronenmikroskop analysiert. Aus Proben lässt sich die DNA extrahieren. Die Analyse von zum Beispiel Pollen in Honig kann zeigen, welche Pflanzen die Bienen angeflogen haben und geben Informationen über etwaige Pestizidbelastung. Sporen verraten darüber hinaus, in welcher Umgebung ein Getöteter zum letzten Mal geatmet hat. Die sorgsam gesammelten Pollen aus den Nasengängen können den letzten Atem eines Opfers widerspiegeln.

VERWANDTE THEMEN
Siehe auch
TODESZEITPUNKT
Seite 26

FORENSISCHE BOTANIK
Seite 100

FORENSISCHE BODENKUNDE
Seite 112

3-SEKUNDEN-BIOGRAFIE

LENNART VON POST
1884–1951
Schwedischer Naturfoscher und Geologe, beschrieb die Verwendung von Pollen in der Fallarbeit. Er veröffentlichte die erste quantitative Analyse von Pollen.

DALLAS MILDENHALL
1944–
Einer der vielseitigsten forensischen Palynologen heutiger Zeit. Er lebt in Neuseeland und ist Fachmann für Paläoklimatologie, Quartärforschung, biostratigrafischen Leistungen und Paläoumweltanalysen.

3-SEKUNDEN-TEXT
Lorna Dawson

Anhand von Palynomorphen kann man einen direkten Kontakt zu einem Tatort nachweisen.

0019 23KV X3,700 10µm WD28

1860
geboren in Edinburgh, Schottland

1883
schließt sein Studium der Naturwissenschaften am Trinity College, Cambridge, mit dem Bachelor ab

1884
wird Professor für Biologie am University College, Dundee

1896
unternimmt eine Expedition zum Beringmeer zur Begutachtung der Robbenfellindustrie

1898
wird für seine Verdienste um Fischereigewässer zum Commander of the Bath ernannt

1917
zum Lehrstuhl für Naturgeschichte an der St. Andrews Universität berufen, im selben Jahr veröffentlichte er seine bahnbrechende Arbeit *Über Wachstum und Form*

1918
hält die Weihnachtsvorlesung am Royal Institution über „Die Fische im Meer"

1934
wird Präsident der Royal Society in Edinburgh

1937
wird zum Ritter geschlagen

1946
erhält die Darwin-Medaille der Royal Society

1948
stirbt in seinem Haus in St. Andrews – selbst mit 87 lehrte er noch immer

D'ARCY WENTWORTH THOMPSON

Von seinen 88 Lebensjahren war D'Arcy Wentworth Thompson 63 Jahre als Lehrer und Dozent tätig. Er war ein klassischer Universalgebildeter: Biologe, Mathematiker und die klassische Bildung – einer der ersten Biomathematiker überhaupt.

Den Lehrstuhl am University College in Dundee übernahm er, um ein zoologisches Museum einzurichten, das dem Unterrichten und der Forschung diente. Thompson verstand es meisterhaft, Menschen die Wissenschaft nahe zu bringen, einem Kleinkind genauso wie einem gebildeten Erwachsenen. Er unterhielt gute Beziehungen zu einigen Kapitänen der Walfangboote, die ihn mit vielen biologischen Mustern aus der Arktis versorgten. Als Leiter einer britisch-amerikanischen Expedition zur Erforschung der Seebärenpopulation im Beringmeer sammelte er selbst welche. Sein Bericht machte nicht nur auf die abnehmende Anzahl von Seebären aufmerksam, sondern auch auf die drohende Ausrottung des Meerotters und der Wale. Er wurde Pionier für die Erhaltung bedrohter Rassen und deren Schutzgesetze.

Über Wachstum und Form ist Thompsons größter literarischer Verdienst. Die erste Version des Buchs war fast 800 Seiten stark. Darin demonstrierte er als erster den Einsatz der Mathematik in der Biologie. Besonderes Augenmerk legte er auf die Auswirkung der Größe von Tieren und Pflanzen auf ihre Form. Er forschte über die logarithmischen Spiralen von Weichtierschalen und Tierhörnern, sogar über die Anordnung von Blättern und anderen Pflanzenteilen. Den größten Teil des Buches schrieb er 1915, aber aufgrund des ersten Weltkriegs konnte er es erst 1917 vollenden.

Thompson war kein Verfechter der Darwin'schen Theorie, sondern erklärte die Natur mithilfe der Berechenbarkeit der Mathematik. Er lehnte die Evolutionstheorie nicht ab, aber er glaubte nicht, dass die Evolution die treibende Kraft sei. So mutet es ironisch an, dass sein Buch als zweitwichtigste biologische Abhandlung nach Darwins „Über die Entstehung der Arten" gilt. Thompsons Buch ist viele Male überarbeitet worden und wird auch heute noch verlegt. 2017 feierte es sein 100-jähriges Bestehen. Thompson wurde beschrieben als „großer Mann, mit Bart, ehrwürdig und freundlich mit einer unstillbaren Begeisterung für das Leben und für Abenteuer". Er war ein sensationeller Redner und Vermittler, häufig zog er in seinen Vorlesungen irgendein Demonstrationsobjekt aus der Tasche. Einmal unterrichtete er gar mit einem lebendigen Huhn unter dem Arm.

Sue Black

FORENSISCHE ARCHÄOLOGIE

30-Sekunden-Drehbuch

Forensische Archäologen lokalisieren und bergen vergrabene menschliche Überreste, aber auch Beweisstücke wie Waffen, Drogen oder Geld. Mithilfe von archäologischen Methoden wie Landschaftsuntersuchung, Feldbegehungen, Luftbildanalysen sowie historischer und geologischer Karten werden Strategien entwickelt, um Massengräber oder versteckte Gräber zu finden. Mit nichtinvasiven geophysikalischen Methoden wie dem bodendurchdringenden Radar und Magnetometrie wird nach Überresten gesucht, wenn eine Begräbnisstätte ausgemacht wurde. Bei Einzelgrabstätten, Massengräbern, Massenkatastrophen und Brandstätten werden stratigrafische Ausgrabungsstrategien angewandt, bei denen Erdschichten in ihrer chronologischen Reihenfolge von alt bis neu auf der Suche nach Opfern abgetragen werden. Auf diese Art vermeidet man die Kontamination von Beweismitteln und kann die Abfolge der Geschehnisse ermitteln. Mit der Radiokarbondatierung lässt sich feststellen, wie viel Zeit seit dem Vergraben vergangen ist und ob die gefundenen Knochen Objekte für die archäologische oder die forensische Untersuchung sind. Der Unterschied zwischen forensisch und archäologisch liegt bei 70 Jahren vor dem aktuellen Datum, kann aber variieren. Forensische Archäologen arbeiten eng mit anderen Ermittlungsprofis zusammen, um sicherzustellen, dass Beweismittel korrekt erfasst und erhalten werden.

3-SEKUNDEN-INDIZ
Die forensische Archäologie wendet klassische archäologische Methoden an, um vergrabene Beweise in kriminellen und humanitären Ermittlungen zu orten und zu bergen.

3-MINUTEN-BEWEIS
Stratigrafie in der Archäologie ist das Studium der zeitlichen Beziehung zwischen Kunstwerken, natürlichen und künstlichen Schichten sowie Strukturen. Zeitbestimmende Hinweise wie Münzen oder Mindesthaltbarkeitsdaten auf Lebensmittelverpackungen in einem Grab grenzen ein, wann das Begräbnis stattfand. So lassen sich Entwicklungsprozesse am Tatort nachvollziehen, die Chance auf Leichen- und Beweismittelfunde maximiert sich.

VERWANDTE THEMEN
Siehe auch
FUSSPUREN
Seite 80

BRANDORTERMITTLUNG
Seite 88

FORENSISCHE PALYNOLOGIE
Seite 106

FORENSISCHE BODENKUNDE
Seite 112

3-SEKUNDEN-BIOGRAFIE
JOHN HUNTER
1949–
Pionier der forensischen Archäologie in Großbritannien, Mitautor der ersten Bücher darüber und entscheidend für die Entwicklung dieser Disziplin.

3-SEKUNDEN-TEXT
Diana Swales

Beweismittel, nach denen forensische Archäologen suchen, sind unter anderem Fasern, Reifenspuren, Schuhabdrücke und DNA.

FORENSISCHE BODENKUNDE

30-Sekunden-Drehbuch

Ein großer Teil der Erdoberfläche wird von Erdboden bedeckt. Besonders nasser, lehmiger oder organischer Boden bleibt leicht an allem kleben, was ihn berührt. Wenn Menschen zu Fuß oder zu Pferde unterwegs sind oder sie graben, kommen sie in Kontakt mit dem Boden, aber auch in Fahrzeugen – und hinterlassen dabei Spuren. Die alten Römer lasen aus dem, was sich in Pferdehufen sammelte, wo ihre Feinde entlanggeritten sind. Boden (oder verwandte geologische Materie, Öl und Petroleum) kommt in Stadtgebieten wie auf dem Land vor und wird dort mit Spuren von Industrie- oder Bauprozessen angereichert. An Tatorten sammeln forensische Bodenkundler Beweise, durch ihre Erkenntnisse können Orte ermittelt werden, an denen weitergesucht werden soll. Sie untersuchen im Labor Bodenproben, die von Schuhen, Kleidung, Werkzeugen oder Fahrzeugen stammen. Nichtorganische Analyse von Mineralien oder chemischen Elemente helfen bei der geologischen Ortung des Bodens. Bei der organischen Analyse werden Marker wie Alkane oder Alkohole oder Pollenbestimmung verwendet. Dadurch erfährt man etwas über den Landgebrauch und die angesiedelte Vegetation an einem bestimmten Ort. Landkarten und Datenbanken grenzen die riesige Gebietsauswahl ein, weil über sie ein Datenabgleich möglich ist. Bodenkundler sagen als Sachverständige in Zivil- oder Kriminalverfahren vor Gericht aus.

3-SEKUNDEN-INDIZ

Zur Untersuchung von Böden gehört unter anderem die Bestimmung der vermutlichen Herkunft der Probe, aber auch der Nachweis, dass sie von einer bestimmten Stelle, wie einem Tatort, stammt.

3-MINUTEN-BEWEIS

Außer eine Verbindung von Personen zu Tatorten nachzuweisen, untersucht die forensische Bodenkunde, woher Drogen und andere Schmuggelware wie Sprengstoffe oder Wildtiere stammen und kann zur Rekonstruktion von Verbrechen beitragen. Dies wurde 1997 deutlich, als unter anderem diese Beweise dazu führten, die Verdächtigen an dem Genozid von über 8.000 Moslems bei Srebrenica im früheren Jugoslawien anzuklagen.

VERWANDTE THEMEN

Siehe auch
TODESZEITPUNKT
Seite 26

FORENSISCHE BOTANIK
Seite 100

FORENSISCHE ENTOMOLOGIE
Seite 102

FORENSISCHE PALYNOLOGIE
Seite 106

3-SEKUNDEN-BIOGRAFIE

GEORG POPP
1861–1943
Deutscher Chemiker, erster Ermittler, der Boden als Beweismittel nutzte, um einen Fall zu lösen

RAY MURRAY
1929–
Forensischer Geologe, schrieb das erste Buch über forensische Geologie, Verfasser der gültigen analytischen Richtlinien der forensischen Bodenkunde.

3-SEKUNDEN-TEXT

Lorna Dawson

Forensische Bodenkundler müssen sich in Biologie, Physik, Chemie, Geologie und Ökologie auskennen.

SWIFT & SON
LONDON.
300
200
100

ANALYSE DER STABILEN ISOTOPE

30-Sekunden-Drehbuch

Wichtige Marker für die Herkunft von Materie sind die stabilen Isotope. Knochen, Weichgewebe, Haare, Nägel, Zähne, aber auch Boden, Wasser und Nahrungsmittel können über verschiedene stabile Isotope wie Carbon, Stickstoff und Wasserstoff analysiert und mit bekannten Proben oder Referenzproben verglichen werden. Daraufhin wird eine Karte, „Isoscape" genannt, erstellt, die das Isotopenverhältnis in einer bestimmten geografischen Zone illustriert. Sucht man nach der Herkunft eines Skeletts, wird diese Methode oft angewendet, da Knochen und Zähne nach dem Tode eines Menschen am längsten erhalten bleiben. Wenn es keinen anderen Anhalt bezüglich der Identität eines Opfers gibt, kann man an seinem Isotopenprofil viel über seine Ernährung und seine geografische Lebensgeschichte erfahren. Auf diese Weise erhält man wertvolle Informationen zum Beispiel bei der Ermittlung nach Massenunfällen mit unbekannten Opfern. Stabil-Isotopen-Profile von Haaren und Nägeln verraten einiges über das Leben einer Person bis zu 15 Monate vor ihrem Tod. Proben hiervon lassen sich nichtinvasiv nehmen und können Auskunft über die geografischen Aufenthaltsorte geben. Als Nebeneffekt lassen sich auch Aussagen von Verdächtigten überprüfen.

3-SEKUNDEN-INDIZ
Jedes Molekül setzt sich aus seinem eigenen Anteil stabiler Isotope aus den vorhandenen Atomen zusammen. Deren Analyse kann zu Tage bringen, wo die betreffende Person sich aufgehalten hat und woher Drogen oder Explosivstoffe stammen.

3-MINUTEN-BEWEIS
Die Analyse der stabilen Isotope sagt etwas über die Herkunft menschlicher Überreste aus, wie im Fall des kleinen Jungen, dessen Torso 2001 in London aus der Themse gezogen wurde. Experten konnten Benin im südwestlichen Nigeria als Herkunftsort ermitteln, woraufhin er identifiziert werden konnte. Stabile Isotope geben Auskunft über die Herstellung von synthetischen Drogen (wie Metamphetamine) oder Explosivstoffen.

VERWANDTE THEMEN
Siehe auch
FORENSISCHE ANTHROPOLOGIE
Seite 16

TODESZEITPUNKT
Seite 26

FORENSISCHE BODENKUNDE
Seite 112

3-SEKUNDEN-BIOGRAFIE
JAMES EHLERINGER
1949–
Amerikanischer Biologe, setzte die stabile Isotopen-Analyse ein, um die Wege von Drogenschmugglern nach zu verfolgen.

3-SEKUNDEN-TEXT
Lorna Dawson

Die Analyse stabiler Isotope und andere Techniken, die das chemische Profil von Materialien verwenden, ermöglichen die Identifizierung von Opfern von Menschenhandel oder Massenunglücken.

e-
p+

DIGITALE AUFZEICHNUNGEN

DIGITALE AUFZEICHNUNGEN
GLOSSAR

Analog Informationen als Ton oder Bilder, die in sich ständig verändernder Form gespeichert oder gesendet werden, wie zum Beispiel ein Fotofilm.

Bitcoin Digitale Währung und Zahlungssystem.

Cyberverbrechen Angriffe auf Computersysteme, aber auch herkömmliche Verbrechen, die über das Internet ausgeführt werden.

Darknet Ein Teil des Internets, der nicht sichtbar ist und nur über spezielle Software betreten werden kann. Wird häufig für Computerkriminalität eingesetzt.

Datenkompression Der unwiderrufliche Verlust der Originaldaten nach einer Komprimierung.

Digital Informationen, die sich aus Datenbits mit Zahlenfolgen aus 1 und 0 zusammensetzen.

GPS (Global Positioning System) Weltweites Navigationssystem, Ortung über Satellitentechnik .

Internet der Dinge/Digitales Netz Bezieht sich auf die Verbindung zu Alltagsgegenständen über das Internet.

Kryptografie Die Kunst, Codes zu entschlüsseln.

Malware Software, die stören oder zerstören soll.

Metadaten Beschreiben andere Daten und geben über sie Auskunft.

Phishing Der Versuch, sensible Daten für schändliche Taten zu bekommen.

Ransomsoftwareattacke Bösartiger Computercode, der ein Computersystem als Geisel nimmt.

Rückentwicklung Reproduktion eines Produkts durch die genaue Untersuchung seiner Konstruktion.

Zero-Day-Angriffe Ausnutzen einer bislang unbekannten Sicherheitslücke.

VIDEOAUSWERTUNG

30-Sekunden-Drehbuch

3-SEKUNDEN-INDIZ
Die forensische Videoanalyse wird vor Gericht als Beweis verwendet, wenn ein Verbrechen aufgenommen wurde oder Verdächtige dabei gefilmt wurden, wie sie einen Tatort aufgesucht oder verlassen haben.

3-MINUTEN-BEWEIS
Nach den Explosionen während des Boston Marathons im Jahr 2013 wurde der Öffentlichkeit Bildmaterial aus Videokameras vorgespielt. Dadurch konnten die beiden verantwortlichen Brüder schnell identifiziert und gefunden werden. Mit der Verbreitung der Smartphones können Zeugen an Tatorten in Echtzeit Videos aufnehmen und schnell über soziale Medien verbreiten.

Trotz einiger Bedenken bezüglich Bürgerrechtsverletzungen ist es mittlerweile alltäglich geworden, an öffentlichen Orten von Videokameras erfasst zu werden. Dashboardkameras in Autos und Bodycams werden immer gebräuchlicher und gewinnen als Lieferanten von Beweisen an Bedeutung. Mit steigender Anzahl an Überwachungskameras mit guter Bildqualität lassen sich die Aufnahmen immer häufiger als forensische Beweise verwenden. Geringe Auflösung, ungünstige Lichtverhältnisse oder Komprimierung haben negativen Einfluss auf die Qualität. Auch können Daten durch die Komprimierung unwiderruflich verloren gehen. Für Ermittlungen gibt es bildverbessernde Software und kontrastverstärkende Filter, die Details betonen. Anhand der Videos lassen sich Gesicht, Kleidung, Haltung oder der Gang von Verdächtigen vergleichen. Auch die Geschwindigkeit von Fahrzeugen wird festgehalten, besonders wichtig nach Kollisionen. Forensische Ermittlungen sind erforderlich, um die schwierige Frage zu beantworten, ob Videoaufzeichnungen manipuliert wurden. Manchmal gelingt die Rekonstruktion teilgelöschter Videodateien mithilfe einer Software zur Dateiaufbauanalyse. Fehlt der Header einer Videodatei, der Metadaten mit den Informationen über zum Beispiel die Größe enthält, kann ein neuer hinzugefügt werden, mit dem sich die Aufnahme abspielen lässt.

VERWANDTE THEMEN
Siehe auch
GESICHTSERKENNUNG
Seite 46

BILDANALYSE
Seite 124

DIGITALE GERÄTE
Seite 128

3-SEKUNDEN-TEXT
Zeno Geradts

Öffentliche Überwachung durch Videokameras gehört inzwischen zu unserem modernen Leben: Sie sind in Einkaufscentern, Bahnhöfen, Tankstellen, Parkplätzen, in Hotels, Bürogebäuden und Banken.

AUDIO

30-Sekunden-Drehbuch

In unserer heutigen Zeit werden immer mehr Handyfotos gemacht, aber das gilt auch für Tonaufnahmen. Die forensische Klanganalyse setzt ihren Schwerpunkt auf Stimmaufnahmen, beschäftigt sich aber auch mit Schussgeräuschen und Musik. Es gibt analoge und digitale Aufnahmen, die neueren sind hauptsächlich digital. Für digitale Aufnahmen existieren geschützte Formate, jedes hat seine eigenen Komprimierungs- und Dekomprimierungsprogramme. Durch das Komprimieren kommt es zu einem Datenverlust, der zu herabgesetzter Qualität führt. Die forensische Klanganalyse wird bei vermeintlichen Datenverfälschungen eingesetzt, um Veränderungen an der Aufnahme zu entdecken. Das geschieht unter anderem mit der Analyse elektronischer Signale im Hintergrund und des elektrischen Netzes, so können Geräusche durch netzbetriebene Geräte in der Nähe des Aufnahmegeräts wichtige forensische Erkenntnisse bringen. Mittels forensischer Lautsprechererkennung lassen sich bei entsprechender Aufnahmequalität Lautsprecher voneinander unterscheiden. Bei Voicemails oder Gesprächsmitschnitten gibt es häufig Hintergrundgeräusche, die so sehr stören, dass die Nachricht kaum oder gar nicht verständlich ist. Ein Programm zur Sprachverstärkung holt die Stimme in den Vordergrund und verdrängt die Hintergrundgeräusche.

3-SEKUNDEN-INDIZ

Forensische Klanganalyse untersucht Audios wie Stimmaufnahmen und Hintergrundgeräusche. Meist benötigt man Verstärkung, Unterdrückung und Datenentschlüsselung dafür.

3-MINUTEN-BEWEIS

Die zunehmende Digitalisierung unserer Welt bietet verstärkt die Möglichkeit, menschliche Aktivitäten aufzunehmen, absichtlich und zufällig. Es werden nicht nur Stimmen und die gesprochenen Botschaften aufgenommen, sondern auch die umgebenden und die nicht-hörbaren Hintergrundgeräusche. Die forensische Analyse kann alle diese Informationen nutzen.

VERWANDTE THEMEN

Siehe auch
DIGITALE GERÄTE
Seite 128

3-SEKUNDEN-BIOGRAFIE

CATALIN GRIGORAS
seit 1994
Direktor des nationalen Zentrums für Medienforensik an der Universität von Colorado Denver. Seine Forschung über digitale Signalverarbeitung hat die Methoden zur Authentifizierung digitaler Audios und Videos verbessert und zu halbautomatischer Lautsprechererkennung geführt.

JOHN H. L. HANSEN
1959–
Amerikanischer Professor, Gründer des Center for Robust Speech Systems an der Universität von Texas in Dallas, Schwerpunkt Sprachverarbeitung, Gehörforschung und Sprachtechnologien.

3-SEKUNDEN-TEXT

Paul Reedy

Tonaufnahmen sind zulässige Beweismittel in Fällen von Täuschung, Unfällen und Verleumdung.

12000
14000
BALL ROOMS
BAR
RESTAURA

BILDANALYSE

30-Sekunden-Drehbuch

Vor Gericht werden Bilder häufig zur Unterstützung verwendet, immer öfter sind dies Handyfotos oder über das Internet verschickte Fotos. Bei der forensischen Bildanalyse werden diese Bilder authentifiziert, verbessert und verglichen. Aufgrund geringer Auflösung, ungünstigen Lichtverhältnissen und Komprimierung kann es sein, dass die Bildqualität ungenügend ist, auch mit irreversiblem Datenverlust bei digitalen Bilder muss gerechnet werden. Bildverbessernde Software kann die Ermittlungen unterstützen, indem sie die Qualität verfeinern, konstrastverstärkende Filter lassen Details hervortreten. Bei der Untersuchung von Ausweisdokumenten oder biometrischen Vergleichen der physischen Details wird die Bildanalyse regelmäßig eingesetzt. Durch den Vergleich zweier Bilder lässt sich feststellen, ob es sich um dieselbe oder eine ähnliche Person handelt. Oft kommt die Frage auf, ob Bilder manipuliert wurden. Dann kann eine Untersuchung des Inhalts Klärung darüber bringen. Unregelmäßigkeiten im Bildsensor können Auskunft darüber geben, ob eine besondere Kamera benutzt wurde – das wird auch als „Fingerabdruck" des Geräts bezeichnet.

3-SEKUNDEN-INDIZ

Die forensische Bildanalyse befasst sich mit digitalen Bildern, die aus verschiedenen Quellen stammen: Smartphones, Ausweise, heruntergeladene Bilder.

3-MINUTEN-BEWEIS

Sehr genau werden angesehen: Schatten wegen der Platzierung der Objekte im Licht, Augen, um zu vergleichen, wie der Lichteinfall wiedergegeben wird, die Dateidaten, die oftmals eine GPS-Position und Zeitangabe angeben und Spiegelungen, um zu sehen, ob sie stimmig im Bild stehen.

VERWANDTE THEMEN

Siehe auch
GESICHTSERKENNUNG
Seite 46

VIDEOAUSWERTUNG
Seite 120

DIGITALE GERÄTE
Seite 128

3-SEKUNDEN-BIOGRAFIE

JESSICA FRIDRICH

1964–

In Tschechien geborene Professorin, entwickelte datenverbergende Apps, arbeitet an der Universität von Binghamton, New York. Nutzte als erste den schwachen Sensor-Fingerabdruck, um zu bestimmen, ob ein Foto mit einer bestimmten Kamera aufgenommen wurde.

3-SEKUNDEN-TEXT

Zeno Geradts

Digitalbildanalyse gehört zur Biometrie und wird in Sicherheitsanlagen zur Gesichtserkennung verwendet.

1912
geboren in London, England

1934
beendet mit einem First Class Honours-Abschluss sein Mathematikstudium am King's College, Cambridge

1938
promoviert in Mathematik an der Princeton University

1946
erhält einen Orden für seine Dienste im Krieg

1948
wird außerordentlicher Professor an der Universität von Manchester

1951
wird zum Mitglied der Royal Society gewählt

1952
angeklagt wegen homosexueller Aktivitäten

1954
begeht mit Zyanid Selbstmord

2013
erhält posthum eine königliche Begnadigung

ALAN TURING

Alan Turings Beitrag zur Entwicklung der Computerwissenschaften und Kryptografie ist enorm. Bereits als Kind fiel seine große mathematische Begabung auf, die Grundlage für seine anschließende akademische Laufbahn an der Cambridge University und später in Princeton. Noch vor seiner Promotion forschte er über die Computerentwicklung und der zugrunde liegenden Arithmetik.

Während des zweiten Weltkriegs wurde Turing in Bletchley Park stationiert, einem geheimen Ort in Buckinghamshire, an dem britische Codeknacker arbeiteten. Dort spielte er eine führende Rolle bei der Entschlüsselung des deutschen Codes Enigma. Enigmas waren elektrische Schlüsselmaschinen. Über eine Tastatur wurden Botschaften eingegeben, wobei jede Betätigung einer Taste eine Rotation auslöste, so dass jedes Mal ein anderer Buchstabe herauskam. Je mehr Rotoren verwendet wurden, umso komplizierter war die Verschlüsselung. Eine weitere Verschlüsselung erfolgte noch vor den Rotoren über ein Steckerbrett, das die Lettern miteinander verband und umsetzte. Täglich wechselnde Kodierungsschlüssel bestimmten die Parameter für die Startposition der Rotoren, ihre Reihenfolge und die Letterpaare am Steckerbrett. In Bletchley Park arbeiteten Turing und seine Kollegen an mathematischen Methoden, die zusammen mit einem Dekodierinstrument („Bombe“ genannt), den Enigma-Code knacken sollten.

Nach dem zweiten Weltkrieg entwickelte Turing den Automatic Computing Engine am National Physical Laboratory und später in Manchester, wo er seine Vorstellungen über künstliche Intelligenz weiter verfolgte und den Turing-Test als Kriterium dafür vorschlug, ob eine Maschine fähig ist, menschliches Denken zu imitieren. Damit ein Test als bestanden gilt, dürfen die Antworten einer Maschine und eines Menschen auf bestimmte Fragen nicht unterscheidbar sein. Ein Computer besteht den Test, wenn seine Antworten die eines Menschen nachahmen. In seinen späteren Jahren interessierte sich Turing sehr für Strukturen und Muster in biologischen Systemen, für die Grundlage der mathematischen Biologie. Die Fähigkeit, Datenmuster zu entschlüsseln, ist zu einem Eckpfeiler bei der Interpretation und Bewertung von forensischen Beweisen bei strafrechtlichen und zivilen Fällen geworden.

Turings letzte Jahre waren überschattet von einer persönlichen Tragödie, als er wegen homosexueller Handlungen 1952, als dies noch strafbar war, verhaftet wurde. Nach seiner Verurteilung wurde seine Unbedenklichkeitserklärung zurückgezogen, so dass er seine kryptografische Arbeit für den Geheimdienst nicht fortsetzen konnte. 2013 wurde er posthum von Queen Elizabeth begnadigt.

Niamh Nic Daéid

DIGITALE GERÄTE

30-Sekunden-Drehbuch

Heutzutage gibt es kaum noch ein Verbrechen ohne digitale Beweise. In allen Geräten, in denen ein Mikrochip verbaut ist, finden sich digitale Spuren: von Smartphones über Computer zu medizinischen Instrumenten, Autoelektronik und vielem mehr. Die Entwicklungen auf dem Hard- und Softwaresektor sind rasant. Die Herausforderung bei digitalen Beweisen ist, an die darin gespeicherten Informationen heranzukommen. Häufig werden beschädigte oder teilweise zerstörte digitale Geräte an die forensischen Labore geschickt. Wird der Chip geborgen, lassen sich manchmal die Daten rekonstruieren. Die Daten lesbar zu machen, ist die andere schwere Aufgabe. Sind sie verschlüsselt, hilft bisweilen nur ein frontaler Wörterbuchangriff, bei dem versucht wird, Passwörter zu erraten. Produzenten von Apps und Geräten speichern Daten zudem in eigenen Formaten, so dass man sich darüber informieren muss, um an die Speicher zu kommen. In Fällen, in denen diese nicht lesbar sind, wird das Reverse-Engineering angewandt, um an die Informationen zu gelangen. Ist die Rückentwicklung möglich, können die verbrechensrelevanten Daten verarbeitet werden. Ist der Beweis manipuliert, kann ein Analyse-Tool für Datenbanken dem Ermittler helfen, die richtigen Fragen zu stellen und die sprichwörtliche Nadel im Heuhaufen zu finden.

3-SEKUNDEN-INDIZ

Jedes digitale Gerät mit einem Mikrochip kann aufgespürt werden, ob Smartphones oder Autos. Daten werden in vielen Formaten gespeichert, unter anderem als E-Mails oder Termine.

3-MINUTEN-BEWEIS

Ein bemerkenswerter Fall der Datenanalyse ist der des Terroristen Syed Farook, der 2015 in San Bernadino, Kalifornien 14 Menschen erschoss. Das FBI spürte sein iPhone auf und erfuhr, was er an dem Tag gemacht hat. Dazu sollte Apple eine neue Software rückentwickeln, damit mehr als zehn Versuche, das Passwort einzugeben, möglich sein würden. Apple weigerte sich mit Berufung auf die erste Verfassungsänderung. Der Fall wurde beendet, als das FBI andere Wege fand, an die gewünschten Daten zu gelangen.

VERWANDTE THEMEN

Siehe auch
VIDEOAUSWERTUNG
Seite 120

BILDANALYSE
Seite 124

3-SEKUNDEN-BIOGRAFIE

EOGHAN CASEY
seit 2010

Irischer Forensiker, Sachverständiger in zivilen und strafrechtlichen Verhandlungen. Er bereitet Beweismittel für die Computerforensik und Cyberkriminalität vor und schrieb mehrere Bücher über digitale Beweismittel.

3-SEKUNDEN-TEXT

Zeno Geradts

Das Sammeln und die Analyse von Beweisen in digitalen Geräten ist ein Schlüsselaspekt der forensischen Arbeit in Bezug auf Online- oder Cybersicherheitsverbrechen.

INTERNET

30-Sekunden-Drehbuch

Weltweit sind heute mehr als 3,5 Milliarden Menschen per Smartphones, Computer oder andere Geräte über das Internet miteinander verbunden. Ein intensivst verfolgtes Internetverbrechen ist die Verbreitung von Kinderpornografie. Das Darknet ermöglicht dafür eine direkte Verbindung zwischen Computern, was ein Aufspüren extrem schwierig macht. Auch Drogenhandel wird über das Internet abgewickelt. Die Bezahlung mit anonymen Geld, wie Bitcoins, erleichtert Transaktionen und erschwert die Suche nach den Tätern. Wirtschaftskriminalität ist allgegenwärtig, tagtäglich werden Usernamen und Passwörter gestohlen. Viele Menschen verwenden für ihre Konten dasselbe Netzwerk, wodurch ihre Daten sehr angreifbar werden. Phishing-Mails und Malware auf PCs und mobilen Geräten ermöglichen Geschäfte ohne die Zustimmung des Users. Oft ist das Zeitfenster für so einen Missbrauch sehr klein, da Banken eigene Prozesse zur Netzsicherheit einsetzen. Angriffe durch Ransomware (Schadprogramme) sind auf dem Vormarsch. Damit der User wieder Zugriff auf seine Daten oder sein Betriebssystem bekommt, muss er Bitcoins oder anderes, nicht verfolgbares Geld, bezahlen. Zero-Day-Angriffe suchen Sicherheitslücken in Computersystemen der öffentlichen Infrastruktur, wie etwa die Strom- und Wasserversorgung. Man bezeichnet sie als Cyberverbrechen oder – nach je Ausmaß – als Cyberkrieg oder Cyberterrorismus.

3-SEKUNDEN-INDIZ
Internetverbrechen breiten sich heute immer mehr aus. Bei der forensischen Cyberermittlung geht es häufig um Diebstahl, wie z.B. gestohlene Passwörter und Ransomware-Angriffe.

3-MINUTEN-BEWEIS
Das Hacken, also der unerlaubte Zugriff auf Daten in einem System oder einem Computer, breitet sich zunehmend aus. Kevin Mitnick war 1995 einer der ersten verurteilten Hacker. Das FBI verhaftete ihn in seinem Haus in North Carolina. Mitnick hatte das Hacking zweieinhalb Jahre erfolgreich mit Computer- und Drahtbetrügereien betrieben. Er musste sich zwei Jahre lang aus dem Internet heraushalten. Heute arbeitet er als Sicherheitsberater.

VERWANDTE THEMEN
Siehe auch
VIDEOAUSWERTUNG
Seite 120

BILDANALYSE
Seite 124

DIGITALE GERÄTE
Seite 128

CYBERVERBRECHEN
Seite 132

3-SEKUNDEN-BIOGRAFIE
TIMOTHY BERNERS-LEE
1955–
Britischer Ingenieur und Computerwissenschaftler, entwickelte 1989 das World Wide Web als Informationsplattform.

3-SEKUNDEN-TEXT
Zeno Geradts

Cyberverbrechen, Malware und andere Angriff auf das Internet sind häufig international, die Identitäten der Angreifer bleiben verborgen, was den Verbrechensnachweis vor Gericht schwierig macht.

CYBERVERBRECHEN

30-Sekunden-Drehbuch

3-SEKUNDEN-INDIZ
Jede Online-Aktivität hinterlässt eine digitale Spur. Cyberforensiker ermitteln bei Verbrechen, in denen es um Computer und Netzwerke geht, meist das Internet.

3-MINUTEN-BEWEIS
Jede Handlung eines Menschen kann theoretisch Spuren hinterlassen: Aufenthaltsorte, jede geschäftliche Transaktion. Das betrifft auch kriminelle Handlungen, aus denen sich Beweise für einen Fall ermitteln lassen. Auf diese Weise lassen sich andere Personen als Täter ausschließen. Experten setzen spezielle Tools ein, um die Daten zu erhalten und zu analysieren, um sie in die echte Welt zu übertragen.

Computer und das Internet sind in fast allen unseren Lebensbereichen gegenwärtig. Sie sind mit unserem Leben verwoben, die Begriffe „Internet der Dinge" und das neuere „Digitale Netz" stehen für global vernetzte Systeme. Digitale Beweise bestehen aus Einsen und Nullen, die eine Sprache bilden, die von Geräten wie Smartphones und dem Netzwerk verwendet werden. Kommunizieren Geräte miteinander, kann dies abgehört werden. Obwohl jede Einheit eine eigene Plattform und Sprache besitzt, die oft verschlüsselt sind, kann der Code geknackt und interpretiert werden. Ist die Sprache entschlüsselt, gibt sie Kontakte, Entscheidungen und Ereignisse preis, die über das Netzwerk oder das Internet gelaufen sind. Das geschieht über GPS-Daten auf einem Handy oder durch das Eindringen in das Sicherheitsnetzwerk eines Unternehmens oder einer Regierungsabteilung, um dort zu spionieren oder geistiges Eigentum zu stehlen. Cyberkriminalität umfasst die sexuelle Ausbeutung von Kindern, Diebstahl von materiellen und immateriellen Gütern, Spionage, Verbreitung von falschen Informationen, Menschenhandel, Cybermobbing, Identitätsdiebstahl, Disruption, Sabotage und Hassverbrechen.

VERWANDTE THEMEN
Siehe auch
DIGITALE GERÄTE
Seite 128

INTERNET
Seite 130

GÜLTIGKEIT
Seite 140

BEWEISMITTELAUSWERTUNG
Seite 148

3-SEKUNDEN-BIOGRAFIE
KEVIN ASHTON
1968–
Britischer Technologiepionier, prägte den Begriff „Internet der Dinge".

3-SEKUNDEN-TEXT
Paul Reedy

Der forensische Ansatz für Cyberkriminalität ist entdecken, vergleichen, wiederherstellen, interpretieren und die Kommunikation der Beweise innerhalb der Ermittlung oder vor Gericht.

GESETZ UND WISSENSCHAFT

GESETZ UND WISSENSCHAFT
GLOSSAR

Alford-Plädoyer Gilt in den USA. Das Alford-Plädoyer ist ein Schuldeingeständnis, bei dem der Angeklagte unschuldig bleibt. Dabei wird die Ausübung der Tat bestritten, aber eingeräumt, dass die Beweise der Staatsanwaltschaft wahrscheinlich ausreichen, einen Richter oder Geschworene von der Schuld zu überzeugen.

Annahme Ein Glaube an etwas ohne besonderes Wissen oder Beweise.

Beweismittel Beweise, die dem Gericht vorgelegt werden, um Fakten zu beweisen oder zu schaffen.

Handlungsvermutung Annahme, dass eine bestimmte Handlung stattgefunden hat, zum Beispiel, dass jemand ein Fenster zerbrochen hat.

Kalisher-Vorlesung Eine jährliche Lesung an der Criminal Bar Association in Großbritannien im Gedenken an den Anwalt Michael Kalisher QC (1944–1996).

Merkmalvergleich Mit dieser Methode werden systematisch physische Merkmale von zwei oder mehr Materialproben verglichen, wie zum Beispiel Schuh- und Fingerabdrücke oder Werkzeugspuren.

Quellenvermutung Die Annahme, dass ein Beweismittel aus einer bestimmten Quelle stammt, zum Beispiel, ein Glassplitter an der Kleidung eines Verdächtigen von einer bestimmten zerbrochenen Glasscheibe.

Systolischer Blutdruck-Test Dieser Test basiert auf der Annahme, dass der Blutdruck beim Lügen durch den emotionalen Zustand beeinflusst wird. Der Test wird nicht überall wissenschaftlich anerkannt.

Ungünstige Beweise Beweise, die bei Vorlage vor Gericht die Geschworenen ungebührlich beeinflussen oder in die Irre führen würden.

SACHVERSTÄNDIGE

30-Sekunden-Drehbuch

Sachverständige sagen vor Gericht aus, um Geschworenen zusätzliche Erläuterungen oder Informationen zu bieten. Sie dürfen keinesfalls die Rolle von Geschworenen, den Faktenabwägern in einem Fall, übernehmen. Was sie vorlegen, muss beweiskräftig und unvoreingenommen sein. Sowohl Anklage als auch Verteidigung dürfen Sachverständige benennen, dennoch ist es deren vornehmliche Aufgabe, mit ihrem Fachwissen dem Gericht zu helfen. Sie müssen unparteiisch und unbefangen sein. Der vermutlich erste Sachverständige in einem zivilen Verfahren war 1782 John Smeaton. Er wurde um seine Meinung gebeten, warum der Hafen von Wells-next-the-Sea im englischen Norfolk so versandet war, dass er nicht länger genutzt werden konnte. Smeaton gab als Gründe dafür die Landgewinnung und die Errichtung von Deichen durch Landbesitzer an, aber seine Meinung wurde heftig von Anwälten und ihren Sachverständigen angefochten. Der vorsitzende Richter, Lord Mansfield, wollte davon nichts hören und entschied: „Der Verfall des Hafens ist eine wissenschaftliche Sache. Darüber können nur Männer wie Mr. Smeaton urteilen."

3-SEKUNDEN-INDIZ

Ein Sachverständiger verfügt über spezielles Wissen, das Geschworenen dabei helfen soll, zu einer Entscheidung zu gelangen.

3-MINUTEN-BEWEIS

Die Aussage von Sachverständigen stellt häufig den Höhepunkt eines Prozesses dar. Sie sind die einzigen Zeugen, die ihre Meinung abgeben dürfen. Es gibt immer wieder gefeierte Sachverständige, Sir Bernard Spilsbury (Seite 20) war zu seiner Zeit einer. Ein heutiges Pendant wäre Henry C. Lee, der durch die Beweisfindung im O. J. Simpson-Prozess (1995) berühmt wurde. Später (2007) rief seine Aussage im Fall Phil Spector Kontroversen hervor.

VERWANDTE THEMEN

Siehe auch
GÜLTIGKEIT
Seite 140

ZULÄSSIGKEIT
Seite 142

BEWEISMITTELAUSWERTUNG
Seite 148

BEWEISMITTELPRÄSENTATION
Seite 150

3-SEKUNDEN-BIOGRAFIE

ROY MEADOW
1933–
Britischer Kinderarzt, der im Fall Sally Clark, die im Jahr 1999 fälschlicherweise beschuldigt wurde, ihre zwei Babys getötet zu haben, sein Gutachten abgab. Meadow führte fehlerhafte Beweise an. Clarks Verurteilung wurde 2003 aufgehoben, sie starb 2007.

3-SEKUNDEN-TEXT

Sue Black und Niamh Nic Daéid

Sachverständige müssen vor Gericht objektiv sein. Ihre Rolle besteht darin, den Geschworenen die Fakten klar und deutlich zu erläutern.

GÜLTIGKEIT

30-Sekunden-Drehbuch

Im weitesten Sinne bezieht sich die Gültigkeit darauf, wie gut ein wissenschaftlicher Test oder ein Teil der Ermittlungen das untersucht, was er soll oder wie genau die Wirklichkeit wiedergegeben wird. Viele Messtechniken in der Forensik sind aufgrund durchgeführter Qualitätssicherung gültig. DNA-Analysen, Drogen- und Gifttests und Faseranalysen werden alle mit geprüften Techniken durchgeführt. Seit einigen Jahren wird vor allem aus den USA Kritik an einigen Nachweistests laut, speziell an denen, die auf subjektiver und nicht auf objektiver Beurteilung basieren. Der Vergleich von Bissspuren und Haaranalyse ist dabei wohl in die schärfste Kritik geraten. Die präsidentialen Berater für Wissenschaft und Technik berichteten 2016, dass die Bissspurenanalyse nicht gültig ist und auch nie dazu erklärt werden wird. Es gibt keinen Beweis dafür, dass menschliche Bissspuren wirklich einzigartig sind oder dass ein Zahnabdruck verlässliche Spuren auf der Haut hinterlässt. Die National Academy of Science zog 2009 das Fazit, dass bei einem umfangreichen Test diverse Sachverständige bei denselben Bissspuren zu unterschiedlichen Einschätzungen gekommen sind. Der Wert und die wissenschaftliche Objektivität dieses Tests wurden begründet in Zweifel gezogen.

3-SEKUNDEN-INDIZ

Eine gültige Methode, Technik oder ein Prozess in der Forensik muss exakt, wiederholbar und vervielfältigbar sein.

3-MINUTEN-BEWEIS

Das US-Justizministerium verkündete 2016, dass fast alle Expertisen einer FBI-Einheit falsche Ergebnisse beim mikroskopischen Haarvergleich enthielten. Davon waren 32 Personen betroffen, die auf dieser Grundlage zum Tode verurteilt worden waren. 14 von ihnen waren allerdings bereits hingerichtet worden, bevor die Fehler gemeldet wurden. Im Anhang des Berichts heißt es, dass diese Untersuchung nicht die Gültigkeit und die Verlässlichkeit des Haarvergleichs als forensische Methode an sich in Frage stellen.

VERWANDTE THEMEN

Siehe auch
SACHVERSTÄNDIGE
Seite 138

ZULÄSSIGKEIT
Seite 142

BEWEISMITTELAUSWERTUNG
Seite 148

BEWEISMITTELPRÄSENTATION
Seite 150

3-SEKUNDEN-BIOGRAFIE

RICHARD SOUVIRON
1937–
Zahnarzt und 1987 Gutachter im Prozess gegen den Serienmörder Ted Bundy. Bundy plädierte auf unschuldig und focht die Bissspuren-Analyse an, jedoch ohne Erfolg. Er landete 1989 in Texas auf dem elektrischen Stuhl.

3-SEKUNDEN-TEXT

Sue Black und Niamh Nic Daéid

Es ist unabdingbar, dass eine wissenschaftliche Methode anerkannt ist, damit die Beweise, die damit gefunden werden, zulässig sind.

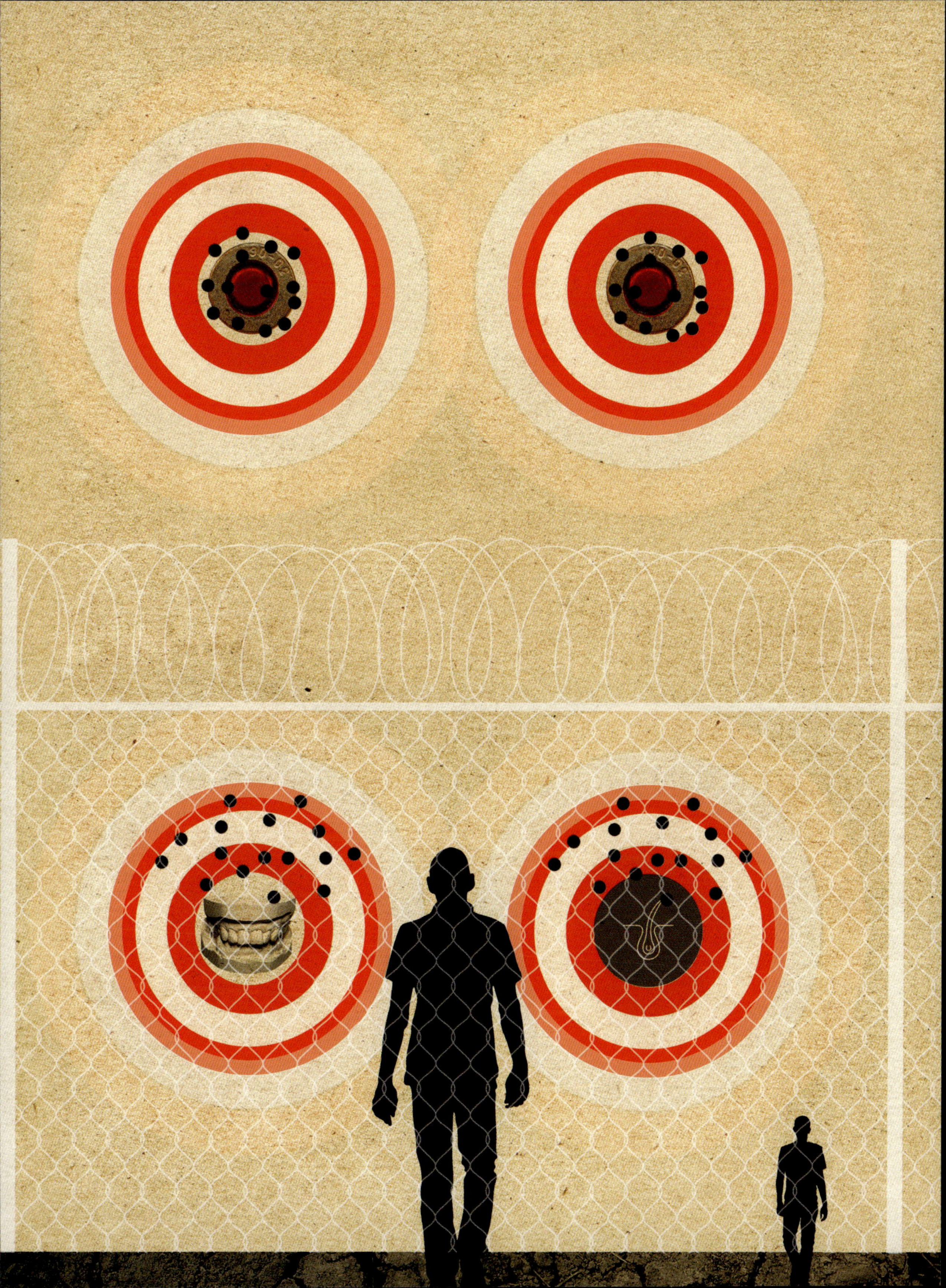

ZULÄSSIGKEIT

30-Sekunden-Drehbuch

Der zuständige Richter entscheidet, ob Beweise für einen Prozess relevant sind und somit Geschworenen gezeigt werden sollen. Beweisstücke dienen ausschließlich der Wahrheitsfindung, ob sie nun von der Verteidigung oder von der Staatsanwaltschaft vorgelegt werden. Die Partei, die das Beweisstück einbringt, muss nachweisen, dass die Quelle, aus der es stammt, verlässlich ist. Das kann eine Person sein, die als Zeuge auftreten soll, oder eine Methode. In Großbritannien gibt es dafür keine spezielle Prüfung, der Richter entscheidet. In den USA ist das anders, der wohl bekannteste Test dort ist der Daubert-Standard. Er sorgt dafür, dass die Methode oder Theorie, mit der ein Sachverständiger Beweise untersucht, festgelegten wissenschaftlichen Richtlinien entspricht. Dazu muss eine wissenschaftliche Gemeinschaft die Theorie oder die Methode anerkannt haben, sie muss in einer Fachzeitschrift veröffentlicht und einer Peer Review unterzogen worden sein, sie muss verifiziert oder falsifiziert werden können und es muss Aussagen über die Unsicherheit der Methode geben und diese Aussage muss bei der Bewertung der Ergebnisse berücksichtigt werden. Ob ein Zeuge, der als Sachverständiger auftritt, glaubwürdig ist, obliegt dem Gericht.

3-SEKUNDEN-INDIZ

Damit ein Beweisstück vor Gericht zugelassen wird, muss ein Richter entscheiden, ob es relevant und verlässlich ist.

3-MINUTEN-BEWEIS

Daubert v Merrell Dow Pharmaceuticals Inc. (1993) wurde vor dem obersten Gerichtshof der USA verhandelt und setzte Standards für Aussagen von Sachverständigen. Die Basis war eine Klage gegen Dow, deren Medikament zur Bekämpfung von Übelkeit schwere Geburtsfehler verursacht haben sollte. Dabei war ein Beweis speziell für das Verfahren generiert worden. Daraufhin wurden die Aussagen von Experten und deren Zulässigkeit in Frage gestellt.

VERWANDTE THEMEN

Siehe auch
SACHVERSTÄNDIGE
Seite 138

GÜLTIGKEIT
Seite 140

BEWEISMITTELAUSWERTUNG
Seite 148

BEWEISMITTELPRÄSENTATION
Seite 150

3-SEKUNDEN-BIOGRAFIE

WILLIAM MOULTON MARSTON
1893–1947

Rechtsanwalt, erfand den systolischen Blutdruck-Test, einen Vorläufer des Lügendetektortests. Er wurde zum ersten Mal vor Gericht angewendet, um die Verteidigung von James Alphonso Frye zu stützen, der 1920 den Mord an Robert Brown zugab. Frye zog sein Geständnis zurück, der Test wurde durchgeführt, das Ergebnis dem Gericht vorgelegt. Später befand das Berufungsgericht den Test und seine Ergebnisse als nicht zulässig und Frye musste für 18 Jahre ins Gefängnis.

3-SEKUNDEN-TEXT

Sue Black und Niamh Nic Daéid

Ob ein Beweisstück vor Gericht zugelassen wird, obliegt allein dem vorsitzenden Richter.

1947
geboren als Roger John Laugharne Thomas in Cwmgiedd, Powys, Wales

1966
schließt sein Bachelor-Jura-Studium an der Trinity Hall, Cambridge ab

1969
Zulassung als Anwalt vor Gericht (Gray's Inn, London)

1984
wird Kronanwalt

1996
Ernennung zum Richter am obersten Gerichtshof und Ritterschlag

2003
wird Berufungsrichter

2004
wird Fellow des Trinity College, Cambridge

2008
Vizepräsident der Queen's Bench Division

2011
Ernennung zum Präsidenten der Queen's Bench Division

2013
Ernennung zum Lord Chief Justice von England und Wales und er wird geadelt – Lord Thomas of Cwmgiedd

2018
Kanzler der Aberystwyth University

LORD JOHN THOMAS

John Thomas stammt aus einer walisischen Familie. Er schloss sein Jura-Studium am Trinity College in Cambridge mit dem Bachelor of Arts ab. Seinen Doktor machte er an der Chicago Law School. An der Anwaltskammer Gray's Inn wurde er zum Gerichtsanwalt berufen, bevor er Kronanwalt wurde. Er war Vorsitzender Richter des Gerichtsbezirks Wales und Chester und Prozessrichter am Handelsgericht, danach folgte die Ernennung zum Berufungsrichter. Bevor er Lord Chief Justice (Lordoberrichter) von England und Wales wurde, war er zunächst Vize-Präsident, dann Präsident der Queen's Bench Division (der Kammer für Zivilsachen).

In England und Wales erhält der Richter, der der Queen's Bench Division des obersten Gericht vorsteht, den Titel Lord Chief Justice. Seit Inkrafttreten der Verfassungsreform 2005 ist der „Chief" auch der Chef der Justiz in England und Wales und löste so den Justizminister ab. Der Chief leitet außerdem die Gerichtshöfe von England und Wales. Sein Amt verlangt die Ausübung von mehr als 400 Pflichten. Dazu gehört, dass er die Standpunkte der Justiz dem Parlament gegenüber vertritt, auch koordiniert er die richterlichen Einsätze und die Arbeitszuteilung an den Gerichtshöfen von England und Wales. Der Chief ist außerdem Vorsitzender Richter der Strafkammer am Berufungsgericht und soll wichtigen Fälle beiwohnen, seine Meinung bei wichtigen rechtlichen Themen abgeben und bei Verurteilungen beratend zur Seite stehen.

Im Laufe seines beruflichen Lebens hat Lord Thomas in vielen hochkarätigen Fällen geurteilt, so auch über die Auslieferung von Julian Assange und Abu Hamza. Im Oktober 2016 war er einer der drei Richter, die über die Inanspruchnahme des königlichen Hoheitsrechts befanden, den EU-Vertrag (Lissabon-Vertrag) gemäß Artikel 50 zu kündigen – Brexit. Der Chief arbeitet außerdem an einem groß angelegten und ehrgeizigen Projekt zur Umgestaltung des zivilen Justizsystems in England und Wales.

Lord Thomas ist ein starker Verfechter des Einsatzes von forensischen Wissenschaften in der Justiz. In vielen seiner Fälle hat er die Forensik zur Unterstützung an Bord geholt. Schlecht ausgeführte Expertisen sind ihm allerdings ein Dorn im Auge. Seine Kalisher-Vorlesung 2014 trug den Titel „Sachverständige: Die Zukunft der forensischen Wissenschaften in Strafprozessen." Lord Thomas verabschiedete sich 2017 in den Ruhestand.

Sue Black und Niamh Nic Daéid

KOGNITIVE VERZERRUNG

30-Sekunden-Drehbuch

Es ist wichtig zu verstehen, dass sich kognitive Verzerrungen in der Forensik auf die Entscheidungsfindung auswirken. Es gilt ihnen – wo notwendig – entgegenzuwirken. Es gibt unterschiedliche Arten von kognitiver Verzerrung, von denen Bestätigungsfehler und Kontextfehler die bekanntesten sind. Bestätigungsfehler treten auf, wenn Hypothesen überproportional nach Bestätigung untersucht und mögliche widersprüchliche Beweise eventuell ignoriert werden. Zu Kontextfehlern kommt es, wenn Zusatzinformationen die Überlegungen übermäßig beeinflussen, bewusst oder unbewusst. Häufig gipfeln diese Fehler oder Verzerrungen in einem Fehlurteil. Der Fall der West Memphis Drei zeigt, wie trotz überwältigender Beweise die Ermittler und Staatsanwälte die Warnzeichen dafür nicht erkannt haben, dass sie auf einen Justizirrtum zusteuerten. Fragwürde wissenschaftliche Methoden, falsche Geständnisse sowie Beweise von Gefängnisspitzeln lieferten Informationen, die die vorgefasste Meinung der Ermittler bestätigten und zu einem Fehlurteil über den brutalen Mord und die Verstümmelung von drei achtjährigen Jungen im Jahr 1994 führten. Die drei Angeklagten gaben Alford-Plädoyers ab, wobei sie beteuerten, unschuldig zu sein. Sie wurden nach 18 Jahren Haftstrafe aus dem Gefängnis entlassen.

3-SEKUNDEN-INDIZ

Kognitive Verzerrung ist ein Überbegriff aus der Psychologie und bezieht sich auf die Auswirkungen äußerer Einflüsse oder Vorurteile auf Beurteilung, Wahrnehmung und Entscheidungsfindung.

3-MINUTEN-BEWEIS

Kognitive Verzerrung bei der Prüfung von Fingerabdrücken ist in der Forensik wohl am intensivsten untersucht worden. Die Empfänglichkeit dafür wurde im Fall Brandon Mayfield, einem Anwalt aus Oregon, deutlich. Das FBI hielt seine Fingerabdrücke fälschlich für die, die zum Bombenanschlag auf einen Zug in Madrid im Jahr 2004 gehörten. Dort wurde auf einer Tasche mit Zündern ein Teilabdruck gefunden. Es folgten eine formelle Entschuldigung und eine Endschädigungszahlung.

VERWANDTE THEMEN

Siehe auch
ZULÄSSIGKEIT
Seite 142

BEWEISMITTELAUSWERTUNG
Seite 148

BEWEISMITTELPRÄSENTATION
Seite 150

3-SEKUNDEN-BIOGRAFIE

DANIEL KAHNEMAN
1934–
Israelisch-amerikanischer Psychologe und Nobelpreisträger, schrieb über die Psychologie der Beurteilung und Entscheidungsfindung. Er setzte eine kognitive Basis für menschliche Irrtümer fest.

3-SEKUNDEN-TEXT

Sue Black und Niamh Nic Daéid

Noch wissen wir nicht viel über kognitive Verzerrungen in der Forensik.

BEWEISMITTEL-AUSWERTUNG

30-Sekunden-Drehbuch

Tatortmaterial und Referenzmaterial stimmen bisweilen überein, aber nicht immer. Häufig finden sich bei einem Abdruck (zum Beispiel von einem Objekt oder einem Finger) Übereinstimmungen mit einem Referenzobjekt. Mikro-Spuren, wie Glassplitter oder Textilfasern, entsprechen der Referenzprobe (Fensterscheibe, Kleidungsstück) physikalisch und chemisch oder ein DNA-Profil aus einer Probe korrespondiert mit einem Referenz-DNA-Profil. Allerdings bedeutet das nicht, dass das sichergestellte Material aus einer bestimmten Quelle stammt oder dass es während der kriminellen Handlung übertragen wurde. Bei der Beweisauswertung treten zwei typische Fragen auf: Wie hoch ist die Wahrscheinlichkeit, dass die Referenzprobe (zum Beispiel Glas von einer zerbrochenen Fensterscheibe am Tatort) die Quelle des fraglichen Materials (ein Glassplitter auf der Kleidung einer verdächtigen Person) ist und wie hoch die Wahrscheinlichkeit ist, dass man zu derselben Schlussfolgerung käme, wenn ein unbekanntes Objekt (eine beliebige zerbrochene Fensterscheibe) genommen würde? Dies sind die Fragen zur Quellenvermutung. Sind die Handlungen widersprüchlich, gelten die Fragen: Wie hoch ist die Wahrscheinlichkeit, zu dieser Antwort zu kommen, wenn die Anklage recht hat und wie hoch ist die Wahrscheinlichkeit dafür, wenn die Aussagen der Verteidigung stimmen. Das sind die Handlungsvermutungen. Beide Seiten müssen in Erwägung gezogen werden, um ausgeglichen und fair zu urteilen.

3-SEKUNDEN-INDIZ

Beweismittelauswertung ist das unparteiische und verständliche Vorbringen von Bedeutung und Stärke der Ergebnisse forensischer Untersuchungen, entweder vor den Ermittlern oder vor Gericht.

3-MINUTEN-BEWEIS

Forensische Beobachtungen müssen innerhalb des Kontexts des Falls ausgewertet werden. Erstens überträgt der Forensiker die Beobachtungen auf den Fall, dann auf mindestens zwei andere Szenarien, die zu denselben Wahrscheinlichkeiten führen könnten (Annahmen). Zweitens wird die Wahrscheinlichkeit der Beobachtung unter den gegebenen Annahmen erwägt. Drittens, die Wahrscheinlichkeit der Beobachtung, auf diese Weise umgeschrieben, müssen auf Dokumenten, zugänglichen und verlässlichen Kenntnissen beruhen.

VERWANDTE THEMEN

Siehe auch
SACHVERSTÄNDIGE
Seite 138

GÜLTIGKEIT
Seite 140

ZULÄSSIGKEIT
Seite 142

BEWEISMITTELPRÄSENTATION
Seite 150

3-SEKUNDEN-BIOGRAFIE

IAN WEBBER EVETT

1943–

Führender, britischer gerichtsmedizinischer Berater, Pionier der Beweismittelauswertung.

3-SEKUNDEN-TEXT

Christophe Champod

Die Beweismittelauswertung soll sich an strikte wissenschaftliche Richtlinien halten.

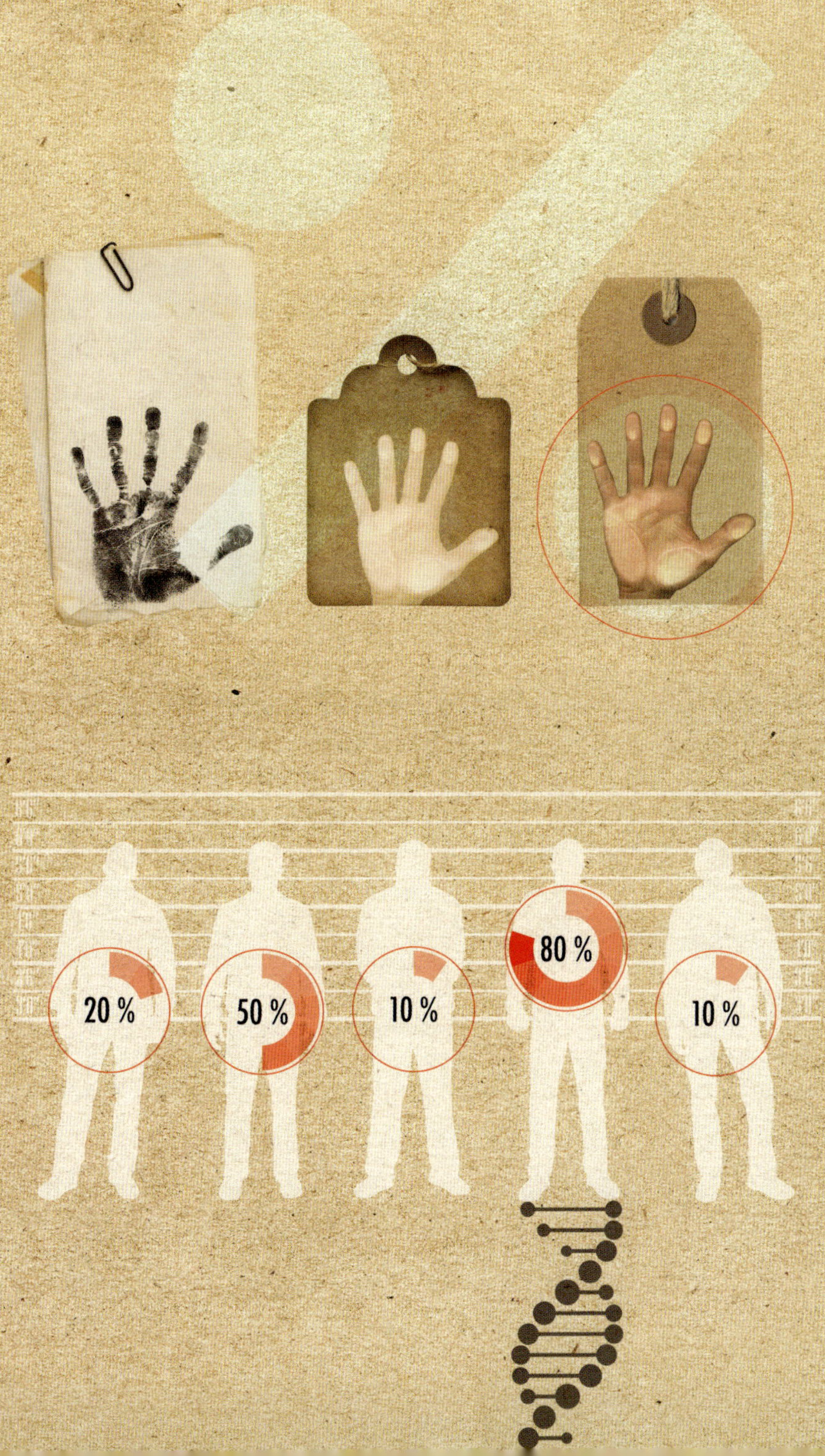
20 %
50 %
10 %
80 %
10 %

BEWEISMITTEL-PRÄSENTATION

30-Sekunden-Drehbuch

Häufig hängt der Ausgang eines Prozesses davon ab, wie effizient die Beweismittel den Geschworenen, die den Fall anhand der Fakten prüfen, präsentiert werden. Mithilfe der Beweismittel entscheiden sie über Schuld oder Unschuld einer Person. Beweise vor Gericht müssen relevant und beweiskräftig sein. Sie dürfen nicht auf Hörensagen oder Vermutungen oder Vorurteilen beruhen. Arten, Beweise zu präsentieren gibt es viele: Aussagen von Augenzeugen oder Sachverständigen, gestützt durch Videomaterial, Fotografien, Anschauungsgegenstände, Tonaufnahmen, Gesprächsmitschriften, Landkarten, Untersuchungsergebnisse, Zeichnungen und Papierdokumente. Wo die Staatsanwaltschaft gezwungen ist, Schuldbeweise vorzulegen, kann es die Verteidigung für angemessen halten, keine Beweise einzureichen, da sie die Anklage nur anzufechten braucht, aber die Unschuld nicht beweisen muss. Lädt die Verteidigung Zeugen vor, muss der Angeklagte nicht unbedingt darunter sein. Die Staatsanwaltschaft kann den Angeklagten nicht zwingen, als Zeuge auszusagen. Beide Parteien können die Zulässigkeit von Beweismitteln anzweifeln und Einspruch erheben. Der Richter gibt dem Einspruch statt oder lehnt ihn ab. So kann ein Anwalt gegen einen Frageansatz Einspruch erheben, wenn die Nachteiligkeit den Beweiswert übertrifft.

3-SEKUNDEN-INDIZ

Die Rolle der Geschworenen ist die der passiven Beobachter. Während des Prozesses werden ihnen Beweise von Zeugen präsentiert, die sie dazu verwenden, zu einem Urteil zu gelangen.

3-MINUTEN-BEWEIS

Gegen die Vorlage von Beweisen kann Einspruch eingelegt werden, wenn sie stark benachteiligend sind. Ein Farbfoto beispielsweise, das ein Mordopfer zeigt, kann so schrecklich sein, dass es keinen weiteren Beweiswert darstellt. Die Vorlage des Fotos ist nachteilig, weil es die Geschworenen schockieren könnte. Sie könnten dadurch so entsetzt sein, dass sie über Gebühr verleitet werden, einen Schuldspruch zu fällen.

VERWANDTE THEMEN

Siehe auch

GÜLTIGKEIT
Seite 140

ZULÄSSIGKEIT
Seite 142

BEWEISMITTELAUSWERTUNG
Seite 148

3-SEKUNDEN-BIOGRAFIE

FRANCESCO BARBERINI
1597–1679
Studierte Kirchen- und Zivilrecht und wurde später Großinquisitor. Er war einer der drei Richter, die Galileos Urteil zur Freiheitsstrafe nicht unterzeichneten.

BRENDA MARJORIE HALE
1945–
Richterin am Obersten Gericht, eine der ranghöchsten Richterinnen in der Geschichte Großbritanniens. Erste Frau an der Spitze des Obersten Gerichts.

3-SEKUNDEN-TEXT

Sue Black und Niamh Nic Daéid

Die Art, wie den Geschworenen forensische Beweise präsentiert werden, bestimmt, ob sie das Beweismittel verstehen.

ANHÄNGE

QUELLEN

BÜCHER

„Criminal and Environmental Soil Forensics"
L. A. Dawson und R. W. Mayes in
Introduction to Environmental Forensics
Robert D. Morrison und Brian Murphy (Hrsgg.)
(Academic Press, 3. Ausg. 2014)

Clarke's Analytical Forensic Toxicology
Adam Negrusz und Gail Cooper (Hrsgg.)
(Pharmaceutical Press, 2. Ausg. 2013)

Criminal mutilation: Forensic and Investigative Analysis
S. Black, G. Rutty, S. V. Hainsworth und G. Thomson
(CRC Press 2017)

Encyclopedia of Criminology and Criminal Justice
Gerben Bruinsma und David Weisburd (Hrsgg.)
(Springer 2014)

Fingerprints and Other Ridge Skin Impressions
Christophe Champod, Chris Lennard, Pierre Margot und Milutin Stoilovic
(CRC Press, 2. Ausg. 2016)

Forensic Approaches to Buried Remains
J. R. Hunter, B. Simpson und C. Sturdy Colls
(Wiley-Blackwell 2013)

Forensic Archaeology: A Global Perspective
W. J. M. Groen, N. Márquez-Grant und R. C. Janaway
(Wiley-Blackwell 2015)

Forensic Botany: A Practical Guide
D. W. Hall und J. H. Byrd
(Wiley-Blackwell 2012)

Forensic Science in Wildlife Investigations
Adrian Linacre (Hrsg.)
(CRC Press 2008)

Foundations of Forensic Document Analysis: Theory and Practice
Michael J. Allen
(Wiley-Blackwell 2015)

An Introduction to Forensic Genetics
William Goodwin, Adrian Linacre und Sibte Hadi
(Wiley-Blackwell, 3. Ausg. 2018)

Microbial Forensics
B. Budowle, S. Schutzer, R. Breeze, P. Keim und S. Morse (Hrsgg.)
(Academic Press, 2. Ausg. 2010)

Scientific Examination of Documents: Methods and Techniques
D. Ellen
(CRC Press, 2006)

Scientific Examination of Questioned Documents
J. S. Kelly und B. S. Lindblom
(CRC Press 2006, 2. Ausg.)

Stable Isotope Forensics: Methods and Forensic Applications of Stable Isotope Analysis
W. Meier-Augenstein
(Wiley Online Library, 2. Ausg. 2017)

ORGANISATIONEN UND WEBSEITEN

2016 vergab der Leverhulme Trust den bisher größten Forschungszuschuss in Höhe von 10 Millionen Pfund an Sue Black und Niamh Nie Daéid. Damit wurde das Leverhulme Forschungszentrum für forensische Wissenschaften an der Universität von Dundee in Schottland gegründet. Ziel des Zentrums ist es, im Dienste der Gerechtigkeit, wo es nötig ist für Richter und Geschworene forensische Beweise wissenschaftlich zu untermauern.
www.leverhulme.ac.uk

AAFS (American Academy of Forensic Sciences)
www.aafs.org

AAFS (Australian Academy of Forensic Sciences)
www.forensicacademy.org

CAHID (Centre for Anatomy & Human Identification), Universität von Dundee
www.cahid.dundee.ac.uk

ENFSI (European Network of Forensic Science Institutes). Beauftragt mit der Verbesserung des gegenseitigen Informationsaustausches
www.enfsi.eu

GIFT-CBRN (Generic Integrated Forensic Toolbox to investigate Chemical, Biological, Radiological and Nuclear incidents). Verfahren und Richtlinien für CBRN-Schutz
www.giftforensics.eu

LRCFS (Leverhulme Research Centre for Forensic Science)
www.dundee.ac.uk/leverhulme

NIST (National Institute of Standards and Technology), USA Handelsministerium
www.nist.gov

RAI (Royal Anthropological Institute)
www.therai.org.uk

SEFARI Gateway (Scottish Environment, Food and Agriculture Research Institutes) Forschungsinstitute für Umwelt, Nahrung und Landwirtschaft.
www.gov.scot/topics/environment/environmental-assessment/sea

HERAUSGEBER

Sue Black ist forensische Anthropologin und Human-Anatomin. Sie ist Direktorin des Leverhulme Forschungszentrum für Forensische Wissenschaften an der Universität von Dundee. Sie ist Dame Commander of the British Empire und hat eine lebenslange Professur für Anatomie an der Royal Scottish Academy und ist Mitglied an vier anderen Royal Academies. 2001 bekam Professor Sue Black den britischen Verdienstorden und erhielt zwei polizeiliche Auszeichnungen für ihre Arbeiten.

Niamh Nie Daéid ist preisgekrönte Diplom-Chemikerin und forensische Chemikerin. Sie leitet das Kompetenzforschungszentrum für neue Suchtmittel und das Leverhulme Forschungszentrum für forensische Wissenschaften an der Universität von Dundee, ebenso die Forschungsabteilung des Zentrums für Anatomie und Identifizierung von Menschen in Dundee. Ihre Fachbereiche sind vor allem Suchtmittelchemie und Brandfälle. Sie ist Mitglied der Royal Society of Edinburgh und Mitglied in fünf weiteren königlichen Akademien und Fachverbänden.

VORWORT

Val McDermid ist Krimi-Bestsellerautorin, deren Werke in mehr als 30 Sprachen übersetzt wurden. Sie studierte in Oxford und arbeitete 16 Jahre lang als Journalistin, bevor sie begann, Romane zu schreiben. Von der Zeitung *The Independent* als „Königin des Krimis" gefeiert, erhielt sie zahlreiche internationale Auszeichnungen, unter anderem den Lambda Literary Foundation Pioneer Award im Jahre 2011.

AUTOREN

Mike Allen blickt auf 30 Jahre Erfahrung in der forensischen Dokumentenanalyse zurück. Er trug zur Ausbildung und Schulung neuer Fachleute weltweit bei und setzte neue Maßstäbe in seinem Fachgebiet. Er lieferte die Schriftanalysen im Prozess gegen Dr. Harold Shipman im Jahre 1999.

Christophe Champod besitzt einen Masterabschluss und einen Doktortitel in forensischer Wissenschaft der Universität von Lausanne. Zwischen 1999 und 2003 leitete er die britische Auslegungsforschungsgruppe des forensischen Wissenschaftsservices, bevor er eine eine Vollzeit-Professur an der Akademie für Strafjustiz in Lausanne annahm, wo er auch das anerkannte forensische Labor leitet. 2015 erhielt er den Distinguished Scientist Award des Europäischen Netzwerks der Institute für forensische Wissenschaften, ENFSI. Seine Forschung ist Identifizierungstechniken gewidmet.

Lorna Dawson leitet die forensische Bodenkunde am James Hutton Institute in Dundee und Gastprofessorin an der Robert Gordon Universität in Aberdeen. Sie ist Fachgutachterin des britischen Bundeskriminalamtes und bildet Polizisten und forensisches Fachpersonal in aller Welt aus. Sie erlangte Diplome in Zivil- und Strafrecht und erstellte Gutachten für viele Kriminalfälle von öffentlichem Interesse. Sie gehört dem Generalkomitee des Britischen Wissenschaftsverbandes an und ist Mitglied der Arbeitsgruppe Tier-, Boden- und Pflanzenrückstände des ENFSI.

Zeno Geradts ist leitender forensischer Wissenschaftler für digitale und biometrische Spuren am Niederländischen Institut für Forensik und Professor für forensische Datenwissenschaften an der Universität Amsterdam. Er ist aktiv im europäischen Forensiknetzwerk und Vorstandsmitglied der Forensischen IT-Arbeitsgruppe und war zur Wahl des

Präsidenten für die amerikanische Akademie der forensischen Wissenschaften aufgestellt.

Lucinda Hackman ist Dozentin für die Identifizierung menschlicher Überreste am CAHID in Dundee, spezialisiert auf Bildanalyse zur Altersbestimmung und andere forensisch-anthropologische Analysen. Am Tatort ist sie als forensische Anthropologin, anerkannt vom Royal Anthropological Institute und registrierte Fachgutachterin in der Datenbank forensischer Experten der nationalen Kriminalbehörden. Dr. Hackmanns Expertise ist in Mordfällen, Vermisstenfällen, bei Menschenhandel, Kindesmisshandlung, Pädophilie und Terrorismus gefragt.

Adrian Linacre hat einen Abschluss in Zoologie und einen Doktortitel in Molekulargenetik. Mit Forensik beschäftigt er sich seit 1994. 2010 erhielt er den ersten Lehrstuhl für forensische Wissenschaften und neue DNA-Technologien an der Flinders Universität, Südaustralien. Er publizierte mehr als 140 Fachartikel in Expertenzeitschriften und ist Mitautor von *An Introduction to Forensic Genetics*, Verfasser von *Forensic Science in Wildlife Investigatives*, und Mitverfasser von *Forensic Science International Genetics*. Professor Linacre war Vorsitzender des 25. Kongresses der Internationalen Gesellschaft für forensische Genetik (ISFG) und wurde 2018 zum nationalen Präsidenten der Forensischen Wissenschaftsgesellschaft in Australien und Neuseeland gewählt.

Craig Mckenzie ist Dozent für forensische Chemie und Mitgeschäftsführer des Exzellenzzentrums New Psychoactive Substances Research an der Universität von Dundee. Er war Gerichtssachverständiger für forensische Chemie, spezialisiert auf Drogen, allgemeine Chemie und Toxikologie und erforschte die Effekte von Umweltverschmutzung auf Meeressäuger.

Paul Reedy war Koordinator für digitale Beweisführung, Leiter der Forensik beim australischen Bundeskriminalamt und Leiter der digitalen Beweisführung der forensischen Abteilung in Washington DC. Er ist Mitglied des Organisationskomitees des Internationalen Symposiums für Leiter der forensischen Wissenschaften von Interpol und des NIST-Unterkomitees „Digitale Beweisführung".

Chris Rynn ist Leiter des Musterstudienganges „Forensic Art and Facial Identification" an der Universität Dundee. Über die Human-Anatomie und medizinische Kunst kam er zur Forschung in der forensischen Gesichtsrekonstruktion. Dr. Rynn arbeitete mit der britischen Polizei, dem FBI, dem BKA, der SAPS und Interpol.

Diana Swales hat einen Master of Science und einen Doktortitel in Humanosteologie und Grabstättenarchäologie von der Universität Sheffield. Sie lehrt und praktiziert am CAHID in Dundee. Sie ist Osteoarchäologin und Archäologin für die Analyse humaner Skelette während und nach der Ausgrabung an archäologischen Stätten. Sie lehrt Humanosteologie, Paläopathologie und Grabstättenarchäologie an kommerziellen und akademischen Instituten. Dr. Swales ist Mitglied des Chartered Institute for Archaeologists und Mitglied der Gesellschaft der Antiquare und des Royal Anthropological Institute.

Grant Thomson ist ein qualifizierter Forensiker mit mehr als zwanzig Jahren Erfahrung in der Strafjustiz. Als autorisierter forensischer Wissenschaftler führte er mehr als zehn Jahre lang Schusswaffen- und Werkzeugspurenanalysen durch und untersucht aktuell die Morphologie von Schnittspuren auf Knochen in Verbindung mit krimineller Zerstückelung.

INDEX

DANKSAGUNGEN

DANKSAGUNG DER HERAUSGEBER
Kein Buch wird in Isolation geschrieben. Wir danken jedem Verfasser, der dazu beitrug, dieses Werk in so kurzer Zeit zusammenzutragen und hoffen, dass alle mit dem Endprodukt genauso zufrieden sind wie wir. Doch der Text ist nur die eine Hälfte. Die wunderschönen Illustrationen in diesem Werk sind einzig dem außergewöhnlichen Talent von Nicky Eckland-Snow zu verdanken. Jedes Buchprojekt braucht ein Team, das es umsetzt. Das wäre ohne das unglaubliche Talent und die Geduld von Stephanie Evans, leitende Projektlektorin bei Ivy Press, niemals möglich gewesen. Die Zusammenarbeit mit ihr war sehr angenehm und professionell. Vielen Dank auch an Jane Row, unsere Korrektorin und Jenny Campbell, ihre Assistentin. Die Design- und Produktionsteams haben uns die Zusammenarbeit so leicht gemacht und wir stehen in ihrer Schuld.

Die Herausgeber danken folgenden Personen für die Erlaubnis, Originalbilder abzudrucken. Sie haben alle zumutbaren Anstrengungen unternommen, um die Erlaubnis der Copyrightinhaber zur Nutzung der Bilder zu bekommen. Für eventuelle Fehler und Versäumnisse entschuldigen sie sich und werden sie in den folgenden Ausgaben auf Anfrage gerne korrigieren.

Alamy/Paul Fern: 39; David R. Frazier Photolibrary, Inc: 69; Mirrorpix: 20; Science History Images: 126. Clipart.com: 103, 105, 139, 143. Dartmouth College Electron Microscope Facility: 107. École des Sciences Criminelles, Université de Lausanne, Switzerland: 81, 81, 81. Getty Images/Bettmann: 62; Georges De Keerle: 42; Heritage Images: 93; Pasieka: 45; Transcendental Graphics: 41; WPA Pool: 144. Library of Congress, Washington DC: 41. Missouri Botanical Gardens: 93, 101. The New York Public Library: 139. © Christopher Rynn: 25. Science Photo Library/ GiPhotoStock: 71; Ted Kinsman: 69; Herra Kuulapaa–Precires: 69; Andrew Lambert Photography: 71; Matteis/Look at Sciences: 69. Shutterstock: 111; 24 Novembers: 129; aarrows: 121; acceptphoto: 61; addkm: 143; Adrian Niederhaeuser: 147; Africa Studio: 29, 133; Aha-Soft: 107; Alberto Tirado: 105; Alex Mit: 27; Alex Tihonovs: 89; Alexander Gold: 59; Alhovik: 149; Allusioni: 50; AnartStock: 131; andreiuc88: 131; Andrey_Kuzmin: 27; Anton-Burakov: 113; arda savasciogullari: 29; Arkadiusz Fajer: 143; Arkady Mazor: 151; art4all: 123, 123; Artistdesign13: 133; AVIcon: 129, 129; Axro: 121; Ayzek: 133; Barbol: 59; Bearacreative: 107; Bergamont: 123, 123; Betacam-SP: 87; Boreala: 105; Casther: 71; Cbenjasuwan: 69; Channarong Pherngjanda: 29; charles taylor: 89; Christophe Rolland: 115; Cioki: 91; cla78: 17; Claudio Divizia: 77; Coloa Studio: 93; Couperfield: 103; David Benton: 133; Digital Genetics: 39; Dmitry Bodyaev: 113; Donflore: 125; Donikz: 151; Dragan Milovanovic: 57; Dragance137: 17; Dramaj: 141; echo3005: 89; eddo: 139; Eliks: 95, 123; Elina Li: 87; Elzbieta Sekowska: 107; Eremin Sergey: 71; Erik Svoboda: 65; Everett Collection: 39, 50, 77, 121, 123, 123, 123, 139, 139, 143; Exopixel: 89; ; Ezepov Dmitry: 95; Fabio Berti: 131; Fabrai. 147; FabrikaSimf: 139; Fineart1: 29; Flutes: 23; Forance: 103; Fotorawin: 113; Foxie: 115; FreddEP: 57; Freedom Studio: 69; galimovma79: 65; Garvan333: 111; Golden Shrimp: 51; Gordan: 57; gritsalak karalak: 95, 115; Hein Nouwens: 31, 103, 115; Hernie Briedenhann: 27; HolyCrazyLazy: 31; Humdan: 69; Iakov Kalinin: 147; Idambies: 149; Igorsky: 103; Illustration Projects: 149; Ilolab: 61; Imagehub: 91; Ink Drop: 121; Inked Pixels: 61; InnervisionArt: 49; Ireso03: 89; Ivan Popovych: 77; Jade ThaiCatwalk: 151; Jarva Jar: 23; Jason Salmon: 89; Jiri Hera: 133; Jose Luis Calvo: 59; Joshua Rainey Photography: 89; Jowait: 87; JoyImage: 91; Juan J. Jimenez: 61; Jubal Harshaw: 61; Jueurgen Faelcle: 49; Juli Hansen: 111; Jumpingsack: 27; Kaesler Media: 31; Kalewa: 23; Kamenetskiy Konstantin: 81; Karen Perhus: 151; Keantian: 65; Keith Wheatley: 111; Ket4up: 125; Khuruzero: 77; Kimree: 105; KN: 45; koya979: 41; Krailurk Warasup: 129; Krasovski Dmitri: 113; Larysa Ray: 39; Lebendkulturen.de: 107; Lenor Ko: 71; Leonid Andronov: 91; Lev Kroptov: 125; Line Icons: 123; LuFeeTheBear: 111; Lukiyanova Natalia frenta: 29; Lynea: 29; Magnetix: 131; Majeczka: 129; Marcel Derweduwen: 23; Marco Rosales: 50; Markovka: 71; Maryna Stamatova: 49; Matej Kotula: 103; Matsabe: 95; Maxx-Studio: 133; Mega Pixel: 65; Mikhail Pogosov: 133; molekuul_be: 95; monbibi: 151; Monika Beitlova: 149; Morphart Creation: 49, 59, 69; Mr. Rawin Tanpin: 111; MrVander: 17; Newelle: 41; Nik Merkulov: 111; NikomMaelao Production: 65; Nishihama: 81; Nobeatsofierce: 113; Nobuhiro Asada: 147; Nomad_Soul: 57; Nyvit-art: 103; Oleg Golonev: 89; olga n zelenkova: 131; oneo: 79; Pakhnyushchy: 27; Pakpoom Nunjul: 113; Pashabo: 50; Pavalena: 107; Petukhov Anton: 151; phenyx7776: 23; Picsfive: 61; Plutonian: 105; Pogonici: 27; Protasov AN: 103, 103; Puwadol Jaturawutthichal: 23; railway fx: 101; rcarter: 77; Robert Lucian Crusitu: 129; Robian: 91; Roman Nerud: 87; Runrun2: 57; Saknakorn: 45; Samarets: 123; Samolevsky: 115; sar14ev: 59; schankz: 27; science photo: 71; Scisetti Alfio: 50; Senerg: 129; Sergieiev: 89; SkillUp: 129; Skockp: 149; Somchai Som: 133; Sonate: 133; Spantomoda: 123; st.noon: 71; stefanocapra: 41; Stephen Rees: 87; steve estvanik: 15; Stockforlife: 133; Stockish: 141; StockVector: 143; successo images: 113; sumstock: 141; SuriyaPhoto: 87; Susan Law Cain: 41; Swill Klitch: 61; Tairy Greene: 41; Tanyastock: 141; Tarzhanova: 61; Tefi: 17; Tewan Banditrukkanka: 17; Thomas Hecker: 77; Tobijah: 57; Torin55: 149; Tovovan: 121; Tridsanu Thopet: 23; Triff: 149; Trisanu Thopet: 17; Urfin: 113; Vadim Petrakov: 131; Vandathal: 71; Vector Market: 105; Veronika M: 87; vesna cvorovic: 149; VikiVector: 105; Vitaly Korovin: 151; VitaminCo: 133; Voyagerix: 141; vs148: 49; Web-Design: 133; Wellphoto: 29; wk1003mike: 89; wolfman57: 93; xpixel: 141; Yai Studio: 113; Yarbsontan Nionadr: 29; Yasbrand Cosjin: 81; Yuravector: 27; Yuri Samsonov: 45; Zerbor: 103; Ziviani: 91; Zoltan Pataki: 151. University of Dundee. University of Dundee Archive Services: 108. US National Library of Medicine: 107. Wellcome Library, London: 23, 29, 45, 50, 57, 84, 91, 91. Wikimedia Commons/Frettie: 39.